广东省"粤菜师傅"工程培训教材

广东省职业技术教研室　组织编写

广东烧腊制作工艺

U0382962

SPM 南方出版传媒

广东科技出版社 | 全国优秀出版社

·广　州·

图书在版编目（CIP）数据

广东烧腊制作工艺 / 广东省职业技术教研室组编. —广州：
广东科技出版社，2019.8
广东省"粤菜师傅"工程培训教材
ISBN 978-7-5359-7155-5

Ⅰ.①广…　Ⅱ.①广…　Ⅲ.①粤菜—菜谱—技术培训—教
材　Ⅳ.①TS972.182.65

中国版本图书馆CIP数据核字（2019）第138897号

广 东 烧 腊 制 作 工 艺
Guangdong Shaola Zhizuo Gongyi

出 版 人：朱文清
责任编辑：区燕宜
封面设计：柳国雄
责任校对：梁小帆
责任印制：彭海波
出版发行：广东科技出版社
　　　　　（广州市环市东路水荫路 11 号　邮政编码：510075）
http://www.gdstp.com.cn
E-mail: gdkjyxb@gdstp.com.cn（营销）
E-mail: gdkjzbb@gdstp.com.cn（编务室）
经　　销：广东新华发行集团股份有限公司
排　　版：创溢文化
印　　刷：广州市岭美文化科技有限公司
　　　　　（广州市荔湾区花地大道南海南工商贸易区 A 幢　邮政编码：510385）
规　　格：787mm×1 092mm　1/16　印张 8.75　字数 175 千
版　　次：2019 年 8 月第 1 版
　　　　　2019 年 8 月第 1 次印刷
定　　价：35.00 元

广东省"粤菜师傅"工程培训教材

—————— 指导委员会 ——————

主　　任：陈奕威

副 主 任：杨红山

委　　员：高良锋　邱　璟　刘正让　黄　明
　　　　　李宝新　张广立　陈俊传　陈苏武

—————— 专家委员会 ——————

组　　长：黎永泰　钟洁玲

成　　员：何世晃　肖文清　陈钢文　黄明超
　　　　　徐丽卿　黄嘉东　冯　秋　潘英俊
　　　　　谭小敏　方　斌　黄　志　刘海光
　　　　　郭敏雄　张海锋

—————— 《广东烧腊制作工艺》编写委员会 ——————

主　　编：黄嘉东　冯　秋　蔡水养

副 主 编：潘英俊　郭琳奋　陈　燕

参编人员：王　志　何毅明　陈明德　李　斯
　　　　　石凤连　王显韬　欧健新　朱德强
　　　　　许华标

FOREWORD
前言

　　粤菜，一个可以追溯至距今两千多年的菜系，以其深厚的文化底蕴、鲜明的风味特色享誉海内外。它是岭南文化的重要组成部分，是彰显广东影响力的一块金字招牌。

　　利民之事，丝发必兴。2018年4月，中共中央政治局委员、广东省委书记李希倡导实施"粤菜师傅"工程。一年来，全省各地各部门将实施"粤菜师傅"工程作为贯彻落实习近平总书记新时代中国特色社会主义思想和党的十九大精神的具体行动，作为深入实施乡村振兴战略的关键举措，作为打赢精准脱贫攻坚战的重要抓手，系统研究部署，深入组织推进，广泛宣传发动，开展技能培训，举办技能大赛，掀起了实施"粤菜师傅"工程的行动热潮，走出了一条促进城乡劳动者技能就业、技能致富，推动农民全面发展、农村全面进步、农业全面升级的新路子。2018年12月，李希书记对"粤菜师傅"工程做出了"工作有进展，扎实推进，久久为功"的批示，在充分肯定实施工作的同时，也提出了殷切的期望。

　　人才是第一资源。培养一批具有工匠精神、技能精湛的粤菜师傅，是推动"粤菜师傅"工程向纵深发展的关键所在。广东省人力资源和社会保障厅结合广府菜、潮州菜、客家菜这三大菜系的特色，组织中式烹饪行业、企业和专家，广泛参与标准研发制定，加快建立"粤菜师傅"

广
东
烧
腊
制
作
工
艺

职业资格评价、职业技能等级认定、省级专项职业能力考核、地方系列菜品烹饪专项能力考核等多层次评价体系。在此基础上，组织技工院校、广东餐饮行业协会、企业和一大批粤菜名师名厨，按照《广东省"粤菜师傅"烹饪技能标准开发及评价认定框架指引》和粤菜传统文化，编写了《粤菜师傅通用能力读本》《广府风味菜烹饪工艺》《广式点心制作工艺》《广东烧腊制作工艺》《潮式风味菜烹饪工艺》《潮式风味点心制作工艺》《潮式卤味制作工艺》《客家风味菜烹饪工艺》《客家风味点心制作工艺》9本教材，为大规模培养粤菜师傅奠定了坚实基础。

行百里者半九十。"粤菜师傅"工程开了个好头，关键在于持之以恒，久久为功。广东省人力资源和社会保障厅将以更积极的态度、更有力的举措、更扎实的作风，大规模开展"粤菜师傅"职业技能培训，不断壮大粤菜烹饪技能人才队伍，为广东破解城乡二元结构问题、提高发展的平衡性、协调性做出新的更大贡献。

广东省人力资源和社会保障厅

2019年8月

COMPILATION

编写说明

　　《广东省"粤菜师傅"工程实施方案》明确提出为推动广东省乡村振兴战略,将大规模开展"粤菜师傅"职业技能教育培训。力争到2022年,全省开展"粤菜师傅"培训5万人次以上,直接带动30万人实现就业创业。培养粤菜师傅,教材要先行。

　　在广东省"粤菜师傅"工程培训教材的组织开发过程中,广东省职业技术教研室始终坚持广东省人力资源和社会保障厅关于"教材要适应职业培训和学制教育,要促进粤菜烹饪技能人才培养能力和质量提升,要为打造'粤菜师傅'文化品牌,提升岭南饮食文化在海内外的影响力贡献文化力量"的要求,力争打造一套富有工匠精神,既适合职业院校专业教学又适合职业技能培训和岭南饮食文化传播的综合性教材。

　　其中,《粤菜师傅通用能力读本》图文并茂,可读性强,主要针对"粤菜师傅"的工匠精神,职业素养,粤菜、粤点文化,烹饪基本技能,食品安全卫生等理论知识的学习。《广府风味菜烹饪工艺》《广式点心制作工艺》《广东烧腊制作工艺》《潮式风味菜烹饪工艺》《潮式风味点心制作工艺》《潮式卤味制作工艺》《客家风味菜烹饪工艺》《客家风味点心制作工艺》8本教材,通俗易懂、实用性强,侧重于粤菜风味菜的烹饪工艺和风味点心制作工艺的实操技能学习。

　　整套教材按照炒、焖、炸、煎、扒、蒸、焗等7种粤菜传统烹饪技法和蒸、煎、炸、水煮、烤、炖、煲等7种粤点传统加温方法，收集了广东地方风味粤菜菜品近600种和粤点点心品种约400种，其中包括深入乡村挖掘的部分已经失传的粤式菜品和点心。同时，整套教材还针对每个菜品设计了"名菜（点）故事""烹调方法""原材料""工艺流程""技术关键""风味特色""知识拓展"7个学习模块，保障了"粤菜师傅"对粤菜（点）理论和实操技能的学习及粤菜文化的传承。

另外，为促进粤菜产业发展，加速构建以粤菜美食为引擎的产业经济生态链，促进"粤菜+粤材""粤菜+旅游"等产业模式的形成，整套教材还特别添加了60个"旅游风味套餐"，涵盖广府菜、潮州菜、客家菜三大菜系。这些套餐均由粤菜名师名厨领衔设计，根据不同地域（区），细分为"点心""热菜""汤"等9种有故事、有文化底蕴的地方菜品。

国以民为本，民以食为天。我们借助岭南源远流长的饮食文化，培养具有工匠精神、勇于创新的粤菜师傅，必将推进粤菜产业发展，助力"粤菜师傅"工程，助推广东乡村振兴战略，对社会对未来产生深远影响。

广东省职业技术教研室

2019年8月

C O N T E N T S
目录

一、广东烧腊
"粤菜师傅"学习要求

广东烧腊是粤菜的重要组成部分。烧腊一词是沿用传统行业的称谓，一般指以烧烤、卤浸及腊制等形式对肉制品进行加工。其中以烧烤形式制作的食品为烧味，以卤浸形式制作的食品为卤味，以腊制形式制作的食品为腊味。它们均可以独立成一个行业经营，尤其是腊味就是最典型的例子。烧味技艺是南京厨师将麦芽糖作焦糖化助剂使烧鸭香脆而衍生出来的技艺，此技艺在南宋末年传至广东，广东厨师将此技艺烹制黑鬃鹅，使广东有了"广东烧鹅"的美食并由此形成烧味的行业。卤味技艺是民国时期一位厨师在广州将河南道口烧鸡的调味形式与广东白切鸡的烹饪形式结合在一起创新了极具粤菜特色的"豉油鸡"为始而形成的技艺。腊味技艺是清代广东厨师将代表中国调味品成就的豉油作为腌制液的主要原料加工风干肉料的技艺。在民国时期，一家叫"孔旺记"的酒家将烧味和腊味结合在一起销售，因而有"烧腊"及"低柜"的称谓，"低柜"甚至作为酒家的行业象征（"饼柜"作为茶楼的行业象征）。所以，学习广东烧腊，实际上是学习烧味、卤味及腊味的技艺。

广东烧腊的代表品种有：蜜汁叉烧、炭烧猪颈肉、南乳吊烧鸡、脆皮烧鹅、挂炉片皮鸭、红烧乳鸽、蜜汁烧排骨、白切鸡、白云猪手、卤水金钱肚、腊肠、腊鸭及腊鸡腿等。

广东腊味

（一）学习目标

通过对广东烧腊"粤菜师傅"的学习，粤菜师傅实现知识和技能的双线提升，既具有娴熟的广东烧腊制作技术，也掌握系统的广东烧腊理论知识。学习目标主要包括知识目标和技能目标两方面，具体内容如下：

1.知识目标

（1）了解广东烧腊的发展历史及其食品评价标准。

（2）熟悉广东烧腊制作的厨房管理要求。

（3）了解广东烧腊常用香料原料知识。

（4）掌握食品安全相关知识。

2.技能目标

（1）能熟练运用广东烧腊常用工具和设备。

（2）能进行广东烧腊常用酱汁及卤水的制作。

（3）能进行各种广东烧味的制作。

（4）能进行各种广东卤味的制作。

（5）能进行各种广东腊味的制作。

（二）基本素质要求

广东烧腊粤菜师傅除了需要掌握系统的理论知识和扎实的操作技能之外，同时必须具备良好的职业素养。根据餐饮服务行业的特点，粤菜师傅必须具备的职业素养包括以下几个方面：

1.具备优良的服务意识

餐饮业定义为第三产业，是服务业的一块重要拼图，这就决定了餐饮业从业人员必须具备强烈的服务意识及优良的服务态度。服务质量直接影响企业的光顾率、回头率及可持续发展，由此可以看出，粤菜师傅的工作态度，直接影响菜品的出品质量，并间接决定了粤菜师傅的行业影响力。基于此，粤菜师傅必须时刻端正及重视自身的服务态度，这是良好职业素养的基石。常言道，顾客是上帝。只有把优良的服务意识付诸行动，贯彻于学习和工作之中，才能够精于技艺，才能够乐享粤菜师傅学习的过程，才能够保证菜品的出品质量。

2.具备强烈的卫生意识

粤菜师傅必须具备良好的卫生习惯，卫生习惯既指个人生活习惯，同时也包括工作过程中的行为规范。卫生是食品安全的有力保障，餐饮业中的食品安全问题屡见不鲜，其中很大一部分与从业人员的卫生习惯密切相关。粤菜师傅首先必须从我做起，从生活中的点滴小事做起，养成良好的个人卫生习惯，进而形成健

勤奋练习

康的饮食习惯。除此之外，粤菜师傅在菜品制作过程中要严格遵守食品安全操作规程，拒绝有质量问题的原材料，拒绝不能对菜品提供质量保障的加工环境，拒绝有安全风险的制作工艺，拒绝一切会影响顾客身心健康的食品安全问题。没有良好的卫生习惯，一定不能成就一位合格的粤菜师傅。

厨师既是美食的制造者，又是美食的监管者，因此，厨师除了具有食物烹饪的技能之外，还须具备强烈并且是潜移默化的卫生意识，绝对不能马虎以及时刻不能松懈。厨师的卫生意识包括个人卫生意识、环境卫生意识及食品卫生（安全）意识三个方面。

3. 具备突出的协作精神

一道精美的菜品从备料到出品要经过很多道工序，其中任何一个环节的疏忽都会影响菜品的出品质量，这就需要不同岗位的粤菜师傅之间的相互协作。好的菜品一定是团队智慧的结晶，反映出团队成员之间的默契程度，绝不仅是某一位师傅的功劳。每位粤菜师傅根据自身特点都拥有精通的技能，是专才，并非通才。粤菜师傅根据技能特点

共同学习

的差异而从事不同的岗位工作，岗位只有分工的不同而没有高低贵贱之分，每个岗位都是不可或缺的重要环节，每个粤菜师傅都是独一无二的。粤菜师傅之间只有相互协作、目标一致，才能够汇聚成巨大的能量，才能够呈现自身的最大价值。

（三）学习与传承

粤菜的快速发展离不开一代又一代粤菜师傅的辛勤付出，粤菜师傅是粤菜发展的原动力。粤菜文化与粤菜师傅的工匠精神是粤菜的宝贵财富，需要继往开来的新一代粤菜师傅的学习与传承。

1. 学习粤菜师傅对职业的敬畏感

老一辈粤菜师傅素有专一从业的工作态度，一旦从事粤菜烹饪，就会全心全意地投入钻研粤菜烹饪技艺及弘扬粤菜饮食文化的工作中去，把自己一生都奉献

给粤菜烹饪事业，日积月累，最终实现粤菜师傅向粤菜大师的升华。这种把一份普通工作当作毕生的事业去从事的态度，正是我们常说的敬业精神。在任何时候，老一辈粤菜师傅都会怀有把自己掌握的技能与行业的发展连在一起、把为行业发展贡献一份力量作为自身奋斗不息的目标，时刻把不因技艺欠精而给行业拖后腿作为激

师傅指点

励自己及带动行业发展的动力。这份对所从事职业的情怀与敬畏值得后辈粤菜师傅不断地学习，也只有喜爱并敬畏烹饪行业，才能够全身心投入学习，才能够勇攀高峰，才能够把烹饪作为事业并为之奋斗。

2.学习粤菜师傅对工艺的专注度

老一辈粤菜师傅除了具有敬业的精神之外，对菜品制作工艺精益求精的执着追求也值得后辈粤菜师傅学习。他们不会将工作浮于表面，不会做出几道"拿手"菜肴就沾沾自喜，迷失于聚光灯之下。他们深知粤菜师傅的路才刚刚开始，粤菜宝库的门才刚刚开启，时刻牢记敬业的初心，埋头苦干才能享受无上的荣耀。须知道，

蜜汁叉烧

每一位粤菜师傅向粤菜大师蜕变都是筚路蓝缕，没有执着的追求，没有坚定的信念，没有从业的初心是永远没有办法支撑粤菜师傅走下去的，甚至还会导致技艺不精，一事无成。只有脚踏实地、牢记使命、精益求精才是检验粤菜大师的试金石，因为在荣耀背后是粤菜大师无数日夜的默默付出，这种执着不是一般粤菜师傅能够体会到的。因此，必须学习老一辈粤菜师傅精益求精的执着态度，这也是工匠精神的精髓。

3.传承粤菜独树一帜的文化

粤菜文化具有丰富的内涵，是南粤人民长久饮食习惯的沉淀结晶。广为流传的广府茶楼文化、点心文化、筵席文化、粿文化、饭文化，还有广东烧腊、潮式

卤味等，都成了粤菜文化具有代表性的名片，是由一种饮食习惯逐步发展成文化传统。只有强大的文化根基，才能够支撑菜系不断地向前发展，粤菜文化是支撑粤菜发展的动力，同时也是粤菜的灵魂所在，继承和弘扬粤菜文化对于新时代粤菜师傅尤为重要。经过历代粤菜师傅的不懈努力，"食在广州"成了粤菜文化的金字招牌，享誉海内外，这是对粤菜的肯定，也是对粤菜师傅的肯定，更是对南粤人民的肯定。作为新时代的粤菜师傅，有义务更有责任把粤菜文化的重担扛起来，引领粤菜走向世界，让粤菜文化发扬光大。

4. 传承粤菜传统制作工艺

随着时代的发展，各菜系之间的融合发展越来越明显，为了顺应潮流，粤菜也在不断推陈出新，新粤菜层出不穷，这对于粤菜的发展起到很好的推动作用，唯有创新才能够永葆活力。粤菜师傅对粤菜的创新必须建立在坚持传统的前提基础上，而不是对粤菜传统制作工艺的全盘否定而进行的胡乱创新。粤菜传统制作工艺是历

腊肉

代粤菜师傅经过反复实践总结出来的制作方法，是适合粤菜特有原材料的制作方法，是满足南粤人民口味需求的制作方法，也是粤菜师傅集体智慧的结晶，更是粤菜宝库的宝贵财富。新时代粤菜师傅必须抱着以传承粤菜传统制作工艺为荣，以颠覆粤菜传统为耻的心态，维护粤菜的独特性与纯正性。创新与传统并不矛盾，而是一脉相承、相互依托的，只有保留传统的创新才是有效创新，也只有接纳创新的传统才值得传承，粤菜师傅要牢记使命，以传承粤菜传统工艺为己任。

总之，粤菜师傅的学习过程是一个学习、归纳、总结交替进行的过程。正所谓"千里之行始于足下，不积跬步无以至千里"，只有付出辛勤的汗水，才能够体会收获的喜悦；只有反反复复地实践，才能够获得大师的精髓；只有坚持不懈的努力，才能够感知粤菜的魅力……通过广东烧腊粤菜师傅的学习，相信能够帮助你寻找到开启粤菜知识宝库的钥匙，最终成为一名合格的烧腊粤菜师傅。让我们一起走进广东烧腊的世界吧，去感知广东烧腊的无限魅力……

二、广东烧腊
基础知识

（一）广东烧腊的发展历史

广东烧腊是粤菜中一种色、香、味俱全的汉族传统名菜。它包括烧鹅、烧乳鸽、烧乳猪、腊肠、腊肉以及一些卤水菜式。烧腊其实分为"烧"和"腊"两种。但是，现在人们总是将"烧腊"连在一起叫，对于喜爱广东烧腊的广东人来说，这些分类都不太在乎了。广东烧腊不管是烧味、腊味还是卤味，都是以味道鲜香、质感脆滑为主，外加造型及色调，带出诱人的食欲，不管是富丽堂皇的酒店，还是街边的快餐店，都能够看到它的身影。

1.烧炙的形成

在中国的远古时代，人们还不太会主动捕捉水里的鱼和陆地上的禽兽，吃肉只能靠守株待兔。后来，伏羲将野麻晒成干后搓成绳，然后用细一些的绳子编成网，教人们捕鱼；用粗一些的绳子编成网，教人们捕鸟捕兽。这比只吃树上的野果要好多了，但是，生吞活剥、茹毛饮血味道并不好，而且弄不好吃了还要拉肚子或生病。伏羲懂得钻木取火后，便教人们用火把鸟兽禽鱼炙熟了吃。从此，开启了熟食时代。后世为了纪念伏羲的功勋，就把他称为"庖牺"，即第一个用火炙熟兽肉的人。

商周时代，用来煮肉的铜鼎成为最重要的礼器之一。除了把动物整只放在柴堆上炙制的"燎祭"外，炙制食品已经是中国商周时期的主要食物。贵族们用于祭祀和食用的还有生肉、干肉和用鼎煮的肉。

在两汉以后，羹在人们眼中只是汤，它在副食中的地位大大降低了。直到魏晋南北朝时期，烧烤食俗开始普及，其中甘肃、宁夏等西部地区烧烤之风更盛。

唐时期，整个民族文化的昌盛带来了饮食文化的发展，老百姓也已经有了一定的消费基础。当时的炙制食品主要受南北朝游牧民族烹饪余风影响，炙制食品在百姓日常饮食中占很大比例，这时烧烤食物、炙制食品已经在用火、用料方面有了更高的要求。宋代人继承了唐代的炙制食品风格，食材的日益广泛，并被引进节俗之中。宋代人入冬后的"暖炉会"，吃炙制食品便是内容之一，《岁时杂记》也说："京人十月朔沃酒，及炙脔肉于炉中，围坐饮喝，谓之暖炉。"

到了宋代，炙法发生了革命性的改变，伟大之处是利用麦芽糖使带皮的兽禽类原料在炙制的过程中产生焦糖化反应，从而给后世烹制"色、香、味"的标准建立基础。因为有了这个烹饪意义，后世就将新形式"炙"称为"烧"。

明清时期，烧制食品更加普及。清末时还有"满汉大席"的说法，就是"烧烤席"的俗称。他们将烤猪和烤鸭作为"双烤"的名菜，名震大江南北，也成就了广东烧腊的江湖地位。清代顾禄的《桐桥倚棹录卷十》载："苏州酒楼开办满汉大席，市肆中卖有满汉大菜。如：烧小猪、哈尔巴肉、烧鸭、烧鸡、烧肝等。"

2. 广东烧味的发展历史

广东烧味的历史与烧鹅技术的发展息息相关。在700多年前，南宋在新会崖门与元朝进行海战之后，派当时具有烧制技术最高成就的御厨因勤王来到新会。为了避免受元朝的迫害，御厨将本来明炉手持炙制的烧法改为焖炉吊挂的烧法，使广东拥有独一无二的烧鹅技法。焖炉吊挂的烧法大大降低了制作者的工作强度并提高了生产量，从每次只能制作1只烧鹅提升到每次8只左右。这种技法一直传到清代中期开始受到了广州厨师的关注，并对烧鹅焖炉进行改造，将原来通过烟囱效应将炭火传递到炉内的炉改为炭火直接安放在炉内的炉，使烧鹅焖炉获得的温度极大地提升。实际上，炭火在炉内的烧鹅焖炉为后续诞生的蜜汁叉烧、蜜汁排骨、挂炉乳猪等制品建立了牢靠的基础，同时为建立广东绝无仅有的烧味行业提供了必备的条件。

3. 广东卤味的发展历史

中国卤味文化源远流长，夏商时期，就有将食盐及香料置于铜器炊具中，加水与食物煮熟后用刀分割食之，这就是最初卤烹食物的雏形。

卤水这种利用香料与汤水作介质烹饪的方法始于清代河南的道口烧鸡，之所以叫烧鸡，其卤是整个制作工艺的其中一环——调味，最后还需要油炸。及后，安徽按此方法又有了符离集烧鸡。行中才有了将"天生曰卤，人造曰盐"的卤定为烹饪法。民国时期，一个北方厨师从广州的"白切鸡"得灵感，利用卤的技术建立了广东卤味的基础，才有了"卤味"的行档。

据介绍，基本上每个地方的卤味都有其特色。广东常见的卤水有两种，一种是白卤水，不加酱油，主要靠盐水加香料卤浸，其汤色金白；另一种是酱油加香料卤浸，可叫红卤水，也包括潮州卤水，汤色金黄，稍咸。

在食卤味的习惯上，潮州人、香港人喜凉吃，到了广州和珠江三角洲地区，大概是由于人们更注重养生的缘故，尤其是在冬季，改为装碟后淋上热乎乎卤汁的热吃法。不过，识食的食客终会明白一点：凉吃的卤味最能显出醇香的本味来，热度会影响味蕾的敏感度。

4. 广东腊味的发展历史

腊的这种制作工艺源远流长，《说文解字》说："腊，干肉也。从残肉，日以晞之。"也就是说，腊是干肉的方法，是一种利用阳光照晒干燥的方法，其最终目的是延长肉制品的保存时间。

腊味的起源可以追溯到春秋时期，《论语》记载，子曰："自行束脩以上，吾未尝无教诲焉。"就是说只要拿十条腊肉作为学费，就可以得到孔子的教诲。

广东腊味起源有多种说法，根据文献记载，早在周代（前1046—前256年）就已经专门设立"腊人"的职位专司这种工艺。以收集周代王室官制和战国时代各国制度的《周礼·天官》就有"腊人掌干肉，凡田兽之脯腊"的安排。

在南北朝时期，《齐民要术》就有介绍"灌肠法"，这种方法为后来广东创制广东腊肠提供了技术依据。广东腊肠的创新之处在于用猪肉及干制作的猪肠制作，而非《齐民要术》的羊肉及羊肠制作。因风味独特，现已成为广东的美食名片，声名远播。

腊味最初是各家人保存多余肉的一种方法，自给自足为主，岭南各地的腊味都尽显地方特色风味。而腊味在市场销售的记载，始于毗邻广州的中山黄圃，当

广式腊味晾晒

地是广东重要产粮区，猪禽丰富，腊味在自家食用仍有盈余，当地的屠户便开始在猪肉档卖起了腊味，有人来买则卖，无人买则送，渐渐形成出售腊味的行当，黄圃也成为广东腊味之乡。作为广东省非物质文化遗产的黄圃腊味传统制作工艺，不但拥有悠久的制作历史，而且有着浓厚的文化底蕴。

据《黄圃志》记载，创作腊肠的是黄圃一卖粥档主，名叫王洪。光绪十二年（1886年）冬季某天，天气奇冷，冷雨纷飞，王洪准备的肉料——猪肉、猪肝、粉肠卖不出去。王洪遂用酒、盐、糖、酱油等把肉料腌起来。经数天的风吹日晒后，这种王洪偶然制得的肉制品，吃起来别有风味，且耐储藏。因此物是猪肉辅以肠衣制成，形如猪肠，而且是腊月时节生产故名腊肠。后来黄圃人采用盐、糖、酱油、酒腌制后再晒干的办法制作了色香味美的腊肉。之后又以这种方法对猪的各个部位进行制作，渐渐总结出一套腌制的配方和制作花式品种的方法。

早在20世纪30年代，黄圃人在广州市开设生产腊味的著名厂家有沧洲栈、八百载、皇上皇等，这几家名牌店铺一直保存至现在。广州著名的"皇上皇"、香港的"荣华"烧腊味店，也专聘黄圃师傅坐案，历代相传。

此外，粤北的地理特征是河床谷地，同时也把徐徐的北风带到当地，每当秋冬时节，干燥且寒冷的北风从北面吹来，与当地散发之水蒸气糅合一起，正好让晾晒的腊味快速晾爽、慢慢阴干。因此，特定的风力、温度、湿度，便形成了粤北腊味独特的风味。

（二）广东烧腊制作的厨房管理要求

为保证烧腊出品的安全和质量，厨房设备和工具在烧腊制作过程中起关键性作用，烧腊从业师傅要熟悉厨房环境卫生知识、掌握设备（工具）安全操作和保养知识，是制作出高品质烧腊的基本保证。

1.烧腊间环境要求

（1）功能间设置

①5个必不可少的功能间：原料间（冰柜），预进间，解冻、清洗和腌制间（半成品制作间），烧烤或熟食间，晾冻成品间。

②每个功能间必须有明显的标志牌和悬挂相关制度。

（2）烧烤或熟食间环境要求

①烧烤或熟食间必须与生活区和办公区分开，生产场所内不得有活禽畜，不得设立厕所。

②功能间的天花板必须采用易清洁的材质。

③窗户必须有纱窗。

④功能间的墙壁必须有1.5米高的瓷砖，方便清洁。

⑤预进间内必须配备工作衣帽、口罩。

⑥烧烤或熟食间必须照明充足，安装在暴露食品和原料正上方的照明灯应有防爆灯罩，并配置有消毒装置。

⑦食品添加剂和调味品必须有专柜存放，烧烤或熟食间内严禁存放亚硝酸盐，同时不得摆放与烧烤或熟食制作无关的物品。

⑧调味工序必须配置不锈钢工作台。

⑨生产设备、容器必须摆放有序，必须保持清洁卫生。

⑩成品间要设紫外线消毒灯，定时对案板及空间进行消毒处理。

2.安全管理要求

（1）从业人员卫生要求

①从业人员必须持有有效期内的健康证。

②从业人员必须穿戴整洁卫生衣帽、口罩，保持个人卫生，不留长指甲，操作时不准戴戒指、手表等饰物。

③做好个人卫生，衣帽要清洁整齐。

④坚守半成品清洗干净、生熟分开放置、无包装半成品掉地要报废及清洗原则。

（2）功能间的环境卫生要求

①食品应无毒、无害，符合营养和卫生要求，具有相应的色、香、味、形等感官要求。

②必须做到"三专"要求：专用熟食间、专用工具、专人负责。

③操作台无积水、无油污、无杂物，地面无积水、无垃圾。

④墙壁无污垢，死角及地沟卫生必须按期清理。

⑤各种卫生工作全部按规定完成后关闭窗和日光灯，开启紫外线灯进行消毒。

（3）设备（工具）的使用要求

①要熟练掌握炉具（设备）的操作规程，使用前后要进行检查，确保无漏电、漏气情况，设备使用正常。

②每天完成食品制作后，要定时清洁各种加工设备和工具，不得留下油垢、污垢。

③冰柜、保鲜柜里面无污垢、油垢，保鲜柜玻璃干净明亮。

④成品应存放在专用的晾冻柜内，晾冻柜应有防蝇、防尘、防蟑螂、防鼠的设施。

（4）台账建立要求

①进货台账、生产记录和销售台账必须有记录。

②保存原料供货商的相关证照、采购发票、检验证明等凭证。

③保存相关销售票据。

④主料（原料肉类）必须向正规、合法的生鲜供应商采购，并保留票据。

（三）广东烧（卤）腊常用工具和设备

广东烧（卤）腊工具和设备是广东烧（卤）腊制作最基本配置，根据广东烧（卤）腊的制作需要，可分为工具类和设备类两大类。根据烧（卤）腊品种和工艺流程不同，烧（卤）腊工具又可以分为通用工具和专用工具，烧（卤）腊设备也可分为通用设备和专用设备。

在烧（卤）腊品种中，烧（卤）和腊两种方法完全不同。因此，专用设备也不相同，烧（卤）制品在各种炉具中完成，腊制品通常采用自然风干或烘干机风干完成。随着烧烤技术的创新，烧烤炉的分类也不相同。

①根据烧烤方法不同，分为：深井炉、明炉、挂炉等。

②根据烧烤炉的材料不同，分为：土制井炉、瓦缸炉、铁制炉和不锈钢炉等。

③根据燃料方式不同，分为：木炭炉、果木柴炉、煤气炉和电热炉等。

④按规格形状不同，分为：转炉、方形炉、立式炉和卧式炉等。

随着烧烤技术的不断革新和成熟，现代生产的烧烤炉中安装温度计、计时器、观察窗和风门等功能配置。但有的地方烧腊师傅为了让人们品尝到更传统的烧腊风味，采用传统制作工艺，仍然采用木炭或果木柴作为燃料。

下面以烧腊制作品种和工艺流程为类别分别介绍各种工具和设备的名称和用途。

1. 通用工具和设备

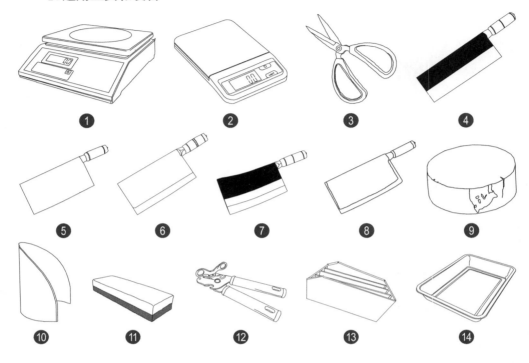

1	台称	用于称量一些重量稍大的材料
2	克称	用于称量制作烧腊的药材以及其他材料
3	剪刀	用于剪除叉烧边上烧焦的肉
4	桑刀	用于把烧腊制品切片
5	片刀	用于斩、切件或片较软的烧腊制品
6	文武刀	用于斩、切较硬的烧腊制品
7	斩刀	用于斩较硬的烧腊制品
8	烧腊刀	用于切烧腊制品
9	砧板	斩烧腊时使用（注意生、熟食要分开砧板使用，砧板规格：直径55厘米，厚20厘米以上）
10	砧板围	用于斩块时防止成品掉出砧板，防止汁液四溅
11	磨刀石	磨刀用
12	罐头刀	用于开罐头
13	刀箱	用于放刀，一般有四格或六格
14	不锈钢托盆（浅方盘）	在烧腊明档里用来装烧腊制品

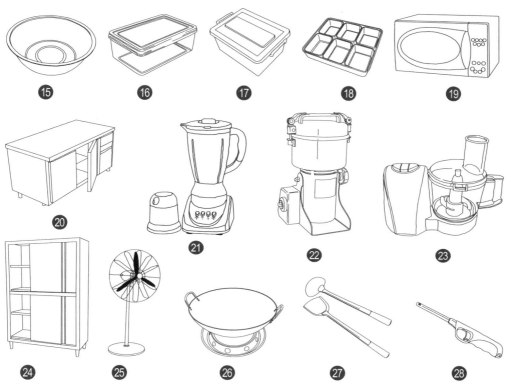

15	不锈钢盆	用于盛载卤好、烤好的肉料或熟食成品
16	保鲜胶盒	用于在冰柜里存放半成品或成品
17	保鲜胶箱	用于存放制作好的成品，特别是带汁水的成品，如卤水凤爪、熏蹄、茶皇猪手等
18	味科盒	用于盛装各种调味料
19	微波炉	用于加热烧腊制品
20	冰柜	用于保存生、熟烧腊制品
21	沙冰机	用于搅碎烧腊的材料
22	粉碎机	用于搅碎卤水中的药材
23	榨汁机	用于绞出蔬菜瓜果汁水
24	储物柜	用于存放未用的调味品、香料、药材等
25	工业风扇	用于风干烧烤制品
26	铁镬	用于烧腊原料、成品等加工及油的加温
27	不锈钢铲	用于翻搅原料
28	点火枪	用于煤气点火

2.烧味专用工具和设备

① ② ③ ④

⑤ ⑥ ⑦ ⑧

⑨ ⑩ ⑪ ⑫

1	充气泵（300W）	用于做烧鸭、烧鹅时充气
2	煤气喷枪	用于卤制品（如猪头皮）的去毛
3	油刷	用于扫糖皮水
4	麦芽糖箱（连架）	用于盛放蜜汁
5	火钳	用于夹取炭火
6	铝箔锡纸	用于烧肉、叉烧等挡火，防止烧焦；也可用于盐焗制品中包裹原料
7	乳猪叉	用于烧乳猪，固定乳猪
8	细铁丝	用于烧乳猪时捆绑猪蹄等
9	乳猪架	用于固定乳猪内腔
10	木条	用于烧猪时做内腔支撑，一般需要3根，1根长2根短（4厘米×4厘米×25厘米，4厘米×4厘米×15厘米）
11	猪皮插	主要用于做烧肉时插松表皮
12	丁字钩	用于提取烧鹅炉里烧好的烧味制品，选用木柄为佳，防烫手

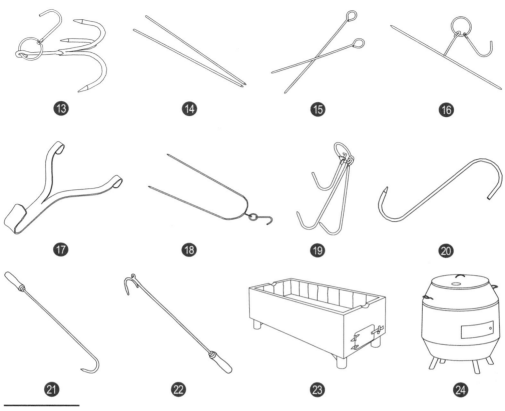

13	肉钩	用于钩鸡、鸭、鹅
14	叉烧针	用于做烧肉、琵琶鸭
15	鹅尾针	用于缝烧鸭、烧鹅、烧鸡腹部开口，使其不漏气、漏汁
16	叉烧环	串叉烧用，一般用规格为40厘米的
17	人字钩	用于明档钩烧腊成品
18	琵琶叉	形似挂炉乳猪叉，但无木柄，规格也偏小，专用于烤琵琶鸭或琵琶鸡，起支撑作用
19	双钩	用于挂烧鸭、烧鹅、烧鸡
20	单钩	用于熟食岗吊架挂白切鸡、豉油鸡等较小件成品。
21	木柄长手钩	烤挂炉品种时，可从窗口处伸入，钩住原料使其转动
22	长双汤钩	用于捞取卤水中的肉制品
23	烤（烧）乳猪炉	用于烧乳猪
24	挂炉	烧味制作中不可缺少的工具，分为木炭类、煤气类与电气类，烧味制品以炭火烤制为最香

3.卤味专用工具和设备

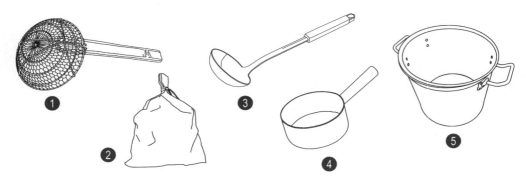

1	笊篱	用于过滤杂质，捞出卤制品等
2	汤袋	主要用于隔开卤水中的药材
3	汤勺	用于煮卤水时搅动卤水
4	水勺	用于勺水、汤、卤水等
5	汤桶	做卤水时使用

4.腊味专用工具和设备

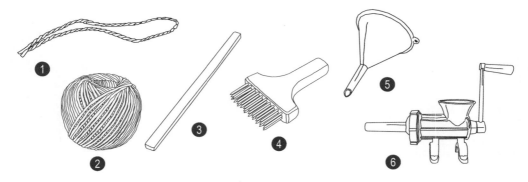

1	草绳	用于捆绑腊肠口，封口
2	麻绳	用于绑住灌好的肠，便于晾挂
3	木制量尺	用于测量灌好的腊肠，按照量尺的长度绑节
4	大钉板	用于扎穿肠衣去除内部气体
5	漏斗	用于灌肠，方便肉进入肠衣
6	手动灌肠机	用于灌肠，方便肉进入肠衣

（四）广东烧腊常用香料原料知识

1. 常用烧腊香料

在广东烧卤腊制作中，使用的各类药材香料较多。追溯历史，在我国中原地区文明发展的时候，在五岭以南的广东，还是瘴气丛生、蛇鼠横行的地区，生活条件非常艰苦。在此地生存的人们，为了能在如此恶劣的条件下保障自身的安全，除在其他方面注意保护自己之外，在饮食方面也特别注意身体的平衡，其中之一就是善于利用各种不同性质的中药材进行调理。

因此广东人在很早以前就懂得各种常用中药材的药性，并善于应用在日常的饮食菜肴中，提倡药食同源。这种特性体现在粤菜用料中，粤菜中经常出现使用中药材与食物同烹的情况，这也是粤菜的一个特点。广东烧腊制作中使用的中药材主要是香科类和保健类两大类，下面介绍一些广东烧腊制作中常用的药材香料：

（1）八角

八角别名大茴、大茴香，具有促进肠胃蠕动，有健胃、祛痰、促进食欲的作用。

（2）红花椒

红花椒别名川椒、蜀椒、大红袍、川花椒，能解鱼腥毒，减少肉腥味，防止肉质滋生病菌，还具有暖胃、消滞的作用。

（3）香叶

香叶别名月桂叶，具有暖胃、消滞、润喉止渴的功效，还能解鱼蟹毒。经肉料吸收后，可增加肉质鲜甜味。

| 八角 | 红花椒 | 香叶 |

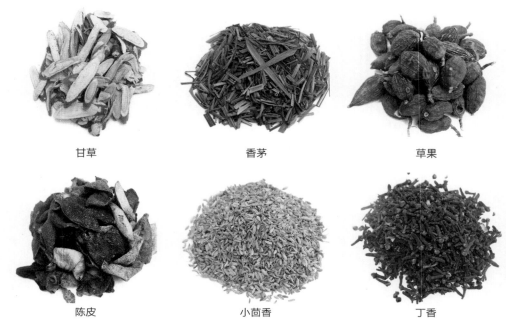

甘草   香茅   草果

陈皮   小茴香   丁香

（4）甘草

甘草别名甜草根、生甘草、炙甘草，可去除肉的腥膻味，还可和中缓急，有润肺、祛痰、镇咳、解毒的功效。

（5）香茅

香茅别名大风茅、柠檬草、柠檬茅，性温，味辛，可增加肉质芬芳的香气，刺激味蕾，增加食欲。

（6）草果

草果别名草果仁、姜草果仁，可祛湿除寒，消食化积，健脾。经肉料吸收后，可以去除肉腥膻异味。

（7）陈皮

陈皮别名柑皮、橘皮，可解鱼蟹毒、理气、化痰、和脾、镇咳。出味后经肉料吸收，可减少肉腥味，还有增加菜肴风味的作用。

（8）小茴香

小茴香别名小茴，可去鱼肉腥味，具有温肾散寒、和胃理气的作用。出味后经肉料吸收，挥发小茴香本身芬芳香气，能减轻肉质膻味。

（9）丁香

丁香别名丁子香，可缓解腹部气胀，增强消化能力，健胃祛风，减轻恶心呕吐。

白胡椒   白豆蔻   罗汉果

黄栀子   孜然   南姜

（10）白胡椒

白胡椒别名胡椒，性热，味辛辣，可减少肉料腥膻味，也可消除胃内积气，促进食欲。

（11）白豆蔻

白豆蔻别名豆蔻仁，性温，味辛，其味道经肉料吸收后，可减少肉腥味。

（12）罗汉果

罗汉果别名拉汗果，甜味剂之一，具有止咳清热、凉血润肠的作用。

（13）黄栀子

黄栀子别名黄萁子、黄枝子、水栀，用于调色，令食物色味俱佳，增加食欲。

（14）孜然

孜然别名枯茗、孜然芹，是烧烤食品常用的佐料，气味芳香浓烈，用孜然加工牛羊肉，可以去腥解腻，并能令其肉质更加鲜美芳香，增加食欲。

（15）南姜

南姜别名芦荑姜、高良姜、潮州姜，可减少内料腥膻味，亦能促进肠胃缓动，增加食欲。

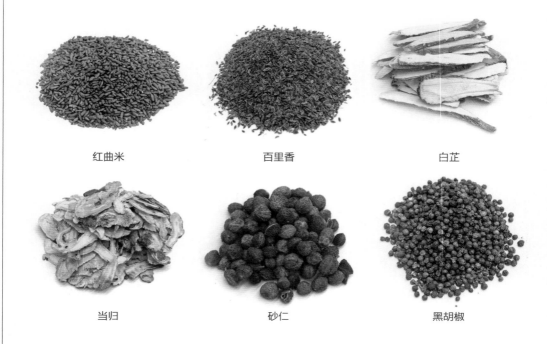

| 红曲米 | 百里香 | 白芷 |
| 当归 | 砂仁 | 黑胡椒 |

（16）红曲

红曲别名红谷米，是天然的食品染色材料，色泽鲜红，亦可入药。

（17）百里香

百里香别名地椒、麝香草，有强烈的芳香气味，用作调味料，可去除食物异味，食后令人口齿留香。

（18）白芷

白芷别名芳香、川白芷，可作香料调味品，有去腥增香的作用，但多用于食疗菜肴。

（19）当归

当归别名干归、秦哪、西当归，有补血活血、调经止痛、润肠通便的作用。

（20）砂仁

砂仁别名春砂仁，除有浓烈芳香气味和强烈辛辣外，还对肠道有抑制作用。有化湿醒脾、行气和胃、消食的作用。

（21）黑胡椒

黑胡椒别名胡椒，味辛辣，是现在使用最为广泛的香料（常用于西餐）。

干姜   沙姜   青花椒

桂皮   川芎   北芪

（22）干姜

干姜别名白姜、均姜、干生姜，味辛，性热，具有温中散寒、回阳通脉、温肺化饮的作用。

（23）沙姜

沙姜别名三柰子、三赖、三柰、山辣、山柰，气香特异，味辛辣。所含成分经肉料吸收，可减少肉的腥膻味，也可以刺激消化道，增加食欲。

（24）青花椒

青花椒别名野椒、天椒、崖椒，具有除湿止痛、杀虫解毒、止痒解腥的作用。可去除各种肉类的腥气，增加食欲。

（25）桂皮

桂皮别名肉桂皮，性大热，味甘辛，有健胃、强身、散寒、止痛等作用。

（26）川芎

川芎别名香果，香气浓郁而特殊，味苦、辛、微回甜，有麻舌感。

（27）北芪

北芪别名黄芪，能补脾健胃、补肺益气。

党参

枸杞子

红枣

（28）党参

党参别名防风党参、黄参、防党参，具有增强机体抵抗力、降低血压、生津止渴的作用。

（29）枸杞子

枸杞子别名甜菜子、红耳坠，性味甘、平。具有养肝、滋肾、润肺、解热止咳的作用。

（30）红枣

红枣别名大枣，性温味甘，具有补中益气、养血安神的作用。

2.广东烧卤腊中常见的调味料

广东烧腊的加工离不开糖、酒、盐、酱油等调味料，调味料不但经过溶解腌制，以使产品达到色、香、味的要求，而且对产品起着发色、调味、防腐、增加食品感观性状及提高产品质量的作用，因此，调味料质量的好坏直接影响到产品的优劣。

（1）咸味调味原料

①食盐，是五味咸味的主要来源之一。可除异味，具有增加咸味、增进食欲、提高食物消化率、提鲜等作用。

②淮盐，是一种复合盐，把食盐加五香粉炒制而成。可用来腌制食品或烹制菜品等。

③五香粉，是将超过5种香料研磨成粉状，混合在一起而成。因配料不同，有多种不同香型和不同名称。主要用于腌

食盐

淮盐

五香粉

孜然粉

制、炖制菜肴，或是加在卤汁中增味，或拌馅。

④孜然粉，香味极为独特，富有油性，气味芳香而浓烈。主要用于调味，是烧、烤食品必用的上等佐料。可去腥解腻，防腐杀菌，令肉质鲜美芳香，增加食欲。

⑤沙姜粉，是沙姜晒干后磨成的粉，比一般的辣椒粉味道浓烈。其作用是诱出食物的香味，增加鲜味。

（2）甜味调味原料

①白砂糖，是以甘蔗或甜菜为原料制成，白砂糖是食糖的一种。其颗粒为结晶状，均匀，颜色洁白，甜味纯正。白砂糖是五味甜味的来源之一，能增加菜肴的甜味及鲜味，增添制品的色泽（失水状态）。

②冰糖，是由白糖炼制而成的冰块状结晶，是白糖重结晶而制得的大颗粒结晶糖，呈透明或半透明状。冰糖是五味甜味的来源之一（较白糖甜润）。可以用来烹羹炖菜或制作甜点。

白砂糖

冰糖

红糖

麦芽糖

蜂蜜

③红糖，指带蜜的甘蔗成品糖，甘蔗经榨汁，浓缩形成的蜜糖。可以用来烹羹炖菜或制作甜点。

④麦芽糖，是碳水化合物的一种，由含淀粉酶的麦芽作用于淀粉而制得。协助带皮烧味制品发生焦糖化反应获得枣红色。大量地淋在无皮烧味制品上可强化光泽度。

⑤蜂蜜，气芳香，味极甜，为半透明、带光泽、浓稠的液体，白色至淡黄色或橘黄色至黄褐色。具有使原料增光、调色、转色（焦糖化）作用。制品在烧制或炸制前，在其表面抹蜂蜜，烧制或炸制后菜肴的表面呈金黄色，色泽美观诱人。

（3）酸味调味原料

①白醋，又称食醋，是一种含醋酸的酸性调味料，色泽透亮，酸味醇正。是五味酸的来源之一，在烹调时使用少量的醋，可使原料的蛋白快速凝固并且分解油脂。

②大红浙醋，属于液态发酵食醋，具有酸爽、清甜、透亮等特点，特具港式风味。是五味酸的来源之一，多用于点蘸虾、蟹，也可拌云吞、小笼包，可以开

白醋

大红浙醋

胃增鲜。

③陈醋，浓褐色，液态清亮，醋味醇厚，有少量沉淀，贮放时间长，不易变质。是五味酸的来源之一，烹调时加点醋，可使菜肴脆嫩可口，去除腥膻味，解腻，增加鲜味和香味，能保护原料中的营养素不易损失，使烹饪原料中钙质溶解而利于人体吸收。

陈醋

④甜醋，酸味醇和，香甜可口，兼有补益作用，以广东的八珍甜醋最为著名。是五味酸的来源之一，可用原醋或兑水饮用，亦可与黑米醋混合煲姜、猪手、鸡蛋等风味食品。甜醋也可用于烹调菜肴，比较滋补。

甜醋

⑤番茄酱，或称茄汁，是鲜番茄的酱状浓缩而成的调味品，呈鲜红色酱体，具番茄特有风味，是一种富有特色的调味品，一般不直接入口。是五味酸的来源之一，常用作鱼、肉等食物的烹饪佐料，是增色、添酸、助鲜的调味佳品。番茄酱的运用，是形成粤菜风味特色的一个重要调味内容。

番茄酱

（4）酱（油）类调味原料

①生抽，是酱油的一种，色泽红润，淡雅醇香，味道鲜美，豉味浓郁，风味独特。是五味鲜或咸的来源之一，用来调味，因颜色淡，故一般的炒菜或者做凉菜的时候用得多，生抽适宜凉拌菜，显得清爽。

②老抽，是在生抽的基础上加入焦糖，经特殊工艺制成的浓色酱油，需要注

生抽

老抽

蚝油

鲜味汁

鱼露

意的是，老抽不适宜用于点蘸、凉拌类菜肴。色泽红壮乌润，适合肉类增色作用。味道咸甜适口，是各种浓香菜肴上色入味的理想帮手。

③蚝油，是广东常用的传统的鲜味调料，味道鲜美、蚝香浓郁，黏稠适度，营养价值高。是五味鲜的来源之一，用途广泛，适合烹制多种食材，可用于凉拌及点心肉类馅料调馅，也可调拌各种面食、涮海鲜、佐餐等。

④美极鲜酱油，是一种新型的调味料，有降盐增鲜的作用。特点是耐高温、耐沸煮。是五味鲜的来源之一，在烧菜、炒菜、煲汤、煮面条、火锅、调馅等制作时均可使用。

⑤鱼露，又称鱼酱油，色泽呈琥珀色，澄明有光泽。味道带有咸味、鲜味和浓厚的美味，入口留香持久，香气四溢。是五味鲜或咸的来源之一，能掩盖畜肉等的异味，缓减酸味、咸味。

⑥黄豆酱，又称大豆酱、豆酱，是我国传统的调味酱，有浓郁的酱香和酯

香，咸甜适口。是五味鲜的来源之一，用于蘸、焖、蒸、炒、拌等各种烹调方式，也可佐餐、净食等。

⑦柱侯酱，是佛山传统名特产品之一。其色泽红褐，豉味香浓，入口醇厚，鲜甜甘滑。是五味鲜的来源之一，适于烹制鸡、鸭、鱼肉等，尤以柱侯鸡为最，是调馔中的上乘酱料。

⑧沙茶酱，色泽淡褐，呈糊酱状，具有大蒜、洋葱、花生米、虾米和生抽的复合鲜咸味，及轻微的甜辣味。是五味鲜的来源之一，且带有香气。适用鸡、鸭、牛、羊肉等原料，辅助煮、炒、炸、烧、卤、蒸、炖、汤等方法以增香、增鲜、增味。

⑨乳猪酱，是一道由海鲜酱、糖、沙姜粉、陈皮、麻酱及蚝油等做成的酱。是吃乳猪时点的酱，是广东、香港和澳门常见的调味料。

⑩白酱油，即无色酱油，是以黄豆和面粉为原料，经发酵成熟后提取而成。可用于风沙鸡，是西餐中常用的一种调料。

黄豆酱

柱侯酱

沙茶酱

乳猪酱

花生油

调和油

芝麻油

大曲酒

汾酒

⑪花生油，淡黄透明，色泽清亮，气味芬芳，滋味可口，是一种比较容易消化的食用油。

⑫调和油，又称高合油，它是根据使用需要，将两种以上经精炼的油脂（香味油除外）按比例调配制成的食用油。调和油的烟点较高。色泽透明，可作熘、炒、煎、炸或凉拌用油。

⑬芝麻油，色如琥珀，橙黄微红，晶莹透明，浓香醇厚，经久不散。芝麻油的烟点较低，不适宜加热或散热。可用于调制凉热菜肴，去腥臊而生香味；加于汤羹，增鲜适口；用于烹饪、煎炸，味纯而色正，是食用油中之珍品。

（5）酒类调味原料

①大曲酒，可分为低温曲、中温曲、中偏高温曲和高温曲。一般固态发酵，大曲酒所酿的酒质量较好。具有凝固肉蛋白及低温致熟的作用。

②汾酒，中国传统名酒，属于清香型白酒的典型代表。因产于山西汾阳杏花村，又称"杏花村酒"。汾酒工艺精湛，源远流长，素以入口绵、落口甜、饮后余香、回味悠长的特色而著称。与大曲酒功用相同，但因能让制品呈现酒的香

气，在腊味制作中常用。

③玫瑰露酒，主要原料有鲜玫瑰花、白酒、冰糖。与大曲酒功用相同，但因能让制品呈现酒的香气，在腊味制作中常用。

（6）味精调味原料

①味精，又名味之素，学名谷氨酸钠，为白色结晶体，主要成分为谷氨酸和食盐，是国内外广泛使用的增鲜调味品之一。是五味鲜的来源之一，味精的主要作用是增加食品的鲜味，在中国菜肴的烹制中使用得最多，也可用于汤和调味汁。

味精

②鸡精，主要成分是谷氨酸钠，按我国制定的产品质量标准，合格的鸡精中的谷氨酸钠含量不应少于5‰。是五味鲜的来源之一，可用于使用味精的所有场合，如腌肉、蒸菜、汤羹、面食、凉拌菜，以及烹炒各色菜式。

鸡精

（五）广东烧腊常用酱汁和卤水制作

1.酱汁的制作

（1）烧鹅盐

①原材料：精盐350克，白砂糖150克，沙姜粉25克，五香粉10克，鸡粉10克，花生酱25克，芝麻酱15克，蒜蓉50克。

烧鹅盐

②制作工艺：将原料混合均匀即可。

③应用：用于使烧鹅、烧鸭、烧乳猪等内腔的填料入味，以及合成其他腌制品的味料。

（2）烧鹅酱

①原材料：南乳300克，柱侯酱1500克，白砂糖2000克，花生油50克，五香粉35克，鹅骨汤500克，洋葱蓉150克，蒜蓉150克。

烧鹅酱

②制作工艺：先将铁镬烧热，放入花生油，烧热，放入洋葱蓉及蒜蓉炒香，再下柱侯酱铲香，然后加入白砂糖、五香粉、南乳及鹅骨汤铲滚铲香，用保鲜膜盛起待用。

③应用：用于烧鹅腌制品的味料。

（3）烧鸭酱

①原材料：海鲜酱400克，柱侯酱500克，花生酱50克，芝麻酱50克，腐乳100克，南乳100克，蚝油80克，芝麻油10克，白砂糖280克，鸡粉10克，美极鲜酱油75克，玫瑰露酒50克，洋葱蓉15克，干葱蓉15克，蒜蓉50克，花生油100克。

②制作工艺：将原料放入不锈钢容器中混合即可使用，每100克鸭肉放20克酱料。

③应用：用于烧鹅、烧鸭腌制品的味料。

（4）叉烧酱

①原材料：精盐75克，白砂糖400克，生抽190克，柱侯酱30克，芝麻酱40克，花生酱40克，鸡粉10克，蒜蓉10克。

②制作工艺：将原料放入不锈钢容器中混合即可使用，每100克肉放31克味料。

③应用：用于蜜汁叉烧、蜜汁烧排骨、蜜汁烧鸡翼、蜜汁烧牛肉等的腌制。

（5）烧鹅皮水

①原材料：麦芽糖200克，白醋250克，大红浙醋50克，曲酒150克。

②制作工艺：把麦芽糖溶解在白醋里，再加上其他原料搅拌均匀即可。

③应用：用作烧鸭、烧鹅、烧鸡、烧乳鸽等的着色皮水。

（6）五香盐

①原材料：精盐350克，白砂糖150克，五香粉

烧鸭酱

叉烧酱

烧鹅皮水

五香盐

80克，沙姜粉50克，芝麻酱30克，花生酱40克，鸡粉10克，蒜蓉10克。

②制作工艺：将原料混合均匀即可。

③应用：用于麻皮乳猪内腌制的调味料。

（7）麻皮乳猪皮水

①原材料：麦芽糖40克，白醋300克，大红浙醋200克，曲酒50克。

②制作工艺：把麦芽糖溶解在白醋里，再加上其他原料搅拌均匀即可。

③应用：主要用于麻皮乳猪的着色皮水。

麻皮乳猪皮水

（8）脆皮叉烧酱

①原材料：花生酱30克，腐乳150克，南乳350克，赤藓糖醇60克，精盐8克，鸡粉15克，蒜蓉10克。

②制作工艺：将原料放入不锈钢容器中混合即可使用，每100克肉放35克味料。

③应用：主要用于脆皮叉烧。

脆皮叉烧酱

（9）烧鸡酱

①原材料：精盐65克，白砂糖450克，芝麻酱40克，花生酱80克，鸡粉10克，洋葱蓉15克，干葱蓉15克，蒜蓉25克，清水75克。

②制作工艺：将原料放入不锈钢容器中混合即可使用，每100克肉放20克味料。

③应用：主要用于烧鸡腌料。

烧鸡酱

（10）烧鸡皮水

①原材料：麦芽糖90克，白醋300克，大红浙醋50克，曲酒150克。

②制作工艺：将原料放入不锈钢容器中混合即可。

③应用：南乳烧鸡时用于外表的着色。

烧鸡皮水

（11）姜葱蓉

①原材料：姜500克，葱白250克，盐50克，味精60克，鸡精50克，胡椒粉1克，沙姜粉1克，白砂糖10克，芝麻油20克。

②制作工艺：把姜磨成姜蓉，将葱切成葱花，加上其他的调料搅拌均匀，再把适量的花生油加热至180℃，倒入上料爆香，葱花可以后放，避免变质。

③应用：用作白切鸡、贵妃鸡、文昌鸡等的蘸料。

姜葱蓉

（12）乳猪酱

①原材料：柱侯酱250克，海鲜酱250克，白砂糖150克，蚝油100克，南乳40克，腐乳40克，美极鲜酱油40克，花生酱40克，芝麻酱40克，味精10克，鸡精10克，蒜蓉10克，姜米10克。

②制作工艺：先把南乳、腐乳放在一个容器里磨成蓉状，搅拌机搅成糊状，再把所有原料搅拌均匀即可。

③应用：用于琵琶鸭、乳猪味料、蘸料，以及蜜汁叉烧、蜜汁烧排骨、蜜汁烧大肠、蜜汁烧鸡翼等腌料。

乳猪酱

（13）酸梅酱

①原材料：酸梅1000克，罗望子300克，姜米150克，柠檬皮米80克，冰糖900克，清水650克，精盐65克。

②制作工艺：将冰糖与清水熬成糖浆，再将所有原料混合即可。

③应用：用于广东烧鹅、蜜汁烧大肠等。

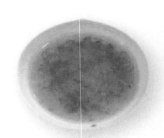

酸梅酱

2. 卤水的制作

（1）白卤水

①原材料：清水7500克，大地鱼400克，瑶柱30

克，虾米180克，猪大骨1500克，火腿骨250克，鸡架骨2500克，沙姜50克，桂皮30克，甘草20克，丁香5克，花椒10克，八角15克，香叶20克，香茅30克，甘牛至5克，陈皮8克，味精100克，鸡粉150克，冰糖10克，精盐230克，干贝素8克。

②制作工艺：先把猪大骨、火腿骨、鸡架骨和清水放入汤镬熬成汤，将汤渣捞起，加入香料包（药材用袋装好）和鲜味包，慢火熬30分钟，再放入味精、鸡粉、干贝素、冰糖、精盐调味即可。

③应用：适合卤制乳鸽、肠头、凤爪（适宜加工原料异味较淡的食品或白切类食品）。

（2）精卤水

①原材料：生抽王5000克，绍兴花雕酒2500克，冰糖2500克，八角150克，桂皮200克，甘草200克，丁香25克，草果25克，陈皮25克，花椒25克，干沙姜25克，灵香草30克，豆蔻10克，罗汉果1个，蛤蚧2对，红曲100克，生姜150克，葱条200克，花生油75克。

②制作工艺：生姜、葱条用花生油爆干、爆香，与生抽、绍兴花雕酒、冰糖及香料包一起放入钢镬内，用慢火熬煮30分钟，再将八角、桂皮、甘草、丁香、草果、陈皮用清水冲洗干净，用汤渣袋包起，制成香料包。

③应用：筒子油鸡。

（3）潮州卤水

①原材料：清水600克，大地鱼500克，瑶柱1000克，猪大骨2500克，火腿皮2500克，火腿骨2500克，老母鸡2000克，猪瘦肉5000克，鹅油1500克，南姜（潮州姜）2000克，花椒200克，八角200克，甘草200克，草果100克，肉果130克，白豆蔻150克，干辣椒50克，蛤蚧1对，陈皮120克，香茅500克，红葱头200克，蒜肉250克，香菜头50克，鱼露1000克，生抽2500克，冰糖500克，白酱油500克，味精1500克，干贝素50克，鸡粉80克，精盐130克，焦糖3克，绿豆150克。

②制作工艺：肉料用慢火熬成清汤，捞去汤渣，加入干香料包及调味料再熬出香气。香料洗净，用纱布包起，放入汤汁中用小火煮3小时，原料留汤汁。

③应用：卤水鹅、卤水鸭、卤水鸡杂等。

（4）一般卤水

①原材料：清水3500克，酱油3500克，白砂糖3000克，八角150克，桂皮

200克，甘草200克，丁香25克，草果25克，陈皮25克，花椒25克，干沙姜 25克，灵香草30克，白豆蔻10克，罗汉果1个，蛤蚧2对，红曲100克，生姜150克，葱条200克，花生油75克。

②制作工艺：生姜、葱条用花生油爆干、爆香，与生抽、绍酒、冰糖及香料包一起放入钢鐏内，用慢火熬煮30分钟，再将八角、桂皮、甘草、丁香、草果、陈皮用清水冲洗干净，用汤袋包起，制成香料包。

③应用：各种兽禽肉料。

3. 卤水保管

（1）卤水要在开业前3天做好，每天只卤制一两样产品。在卤制了3次产品之后，要捞出卤水中所有的材料，换上新的药材配方。

（2）水少则加水，咸味不够则加盐及其他调味料。

（3）卤水每天都要烧开一次，开盖不搅动，不要溅入生水。

（4）卤水不能卤制任何变质变味以及有异味的食品。

（5）卤水要经常过滤杂质以及多余的油与泡沫。

（6）过冷用卤水保管：夏天1~2天烧开一次，冬天2~3天烧开一次，冷冻保存15天烧开一次。

三、广东烧味
制作工艺

蜜汁叉烧

专用工具 / 叉烧针、叉烧环
常用设备 / 挂炉、糖胶箱

风味特色

外焦香，里嫩滑，丰腴多汁

○ ○ 原 材 料 ○ ○

主　料	脢肉2500克
调味料	叉烧酱250克，糖胶300克

工艺流程

淋糖胶

改刀 → 腌制 → 上叉 → 烧制 → 淋糖胶 → 回炉

1 改刀：脢肉改成长约25厘米、宽约4厘米、厚约2厘米的肉条。

2 腌制：清水漂清肉中血色，沥干水分，放入已经调好的腌料钢盆中，翻搅均匀，每隔15分钟翻搅一次，腌制1小时左右。

3 上叉：腌好的肉条用叉烧环或叉烧针扁平串好，穿时叉烧环或叉绕针应在离肉头约3厘米处穿入，以防肉条烧熟后掉叉。

4 烧制：待炉温达180℃时，将穿好的肉条放入，微微打开炉盖。高温烧25分钟，取出。

5 淋糖胶：稍冷却后淋上糖胶，旋转脢肉再入烧炉内转中火。

1. 原料选择：脢肉位于肩胛骨的中心，有肥有瘦还有筋，非常嫩滑，是广东、香港一带制作叉烧的常用原料。有些地方称之为"梅肉""梅花肉"，其实是"脢肉"的误传。

2. 传统的叉烧按照原料选择的不同分为4种，分别为：脢叉（选用脢肉）、花叉（选用五花肉）、上叉（选用前胛肉）、兜叉（选用猪兜肉）。

6 回炉：烧制大概15分钟，肉条流出清澈的油水时，即可将叉烧取出。如有部分烧焦点（俗称火鸡），用剪刀剪去。

7 淋糖胶：将烧好的成品取出，切块装盘，淋上必备的蜜汁（用麦芽糖与适量清水炼制成的糖胶）。

技术关键

1. 叉烧选料选用上肉，可用五花肉、外脊肉，最好选择脢肉。
2. 改刀时需切均匀。
3. 烧制时可在肉条上涂抹麦芽糖（淋糖胶），使肉条在烧制过程中有分解出来的油脂和麦芽糖来缓解火势而不致干枯，且有甜蜜的芳香味。

三、广东烧味制作工艺

39

脆皮烧肉

专用工具 / 猪皮插、叉烧针、双钩

常用设备 / 挂炉

风味特色

皮脆，色泽金黄，肉质甘香

1. 脆皮烧肉简称烧肉或火腩，如整只猪烧烤又称烧猪或金猪，其在中国已有数百年历史。

2. 时至今日，烧肉这一品种在粤菜中生根发展，凡有喜庆典礼都被认为是不可缺少的食物和祭品。

○ ○ 原 材 料 ○ ○

主 料 整块带皮五花肉1500克

调味料 光皮乳猪皮水50克，五香盐50克

工艺流程

选料 → 滚煮 → 剐刀 → 定形 → 松针 → 腌制 → 焙皮 → 烧制 → 成品

1 **选料**：选用有皮的五花肉，改成长方块，刮净皮上猪毛。

2 **滚煮**：五花肉投入煮开的清水中用慢火滚煮至六七成熟。

3 **剐刀**：五花肉完全凉透后，捞起晾干水分，用刀在瘦肉部位顺肉纹直拉数刀。拉刀深度为肉厚的1/3。

4 **定形**：用一支叉烧针在离肉边约5厘米的位置平行在皮肉中间穿入，再用两支叉烧针对角穿入，使叉烧针呈交叉状，用以避免五花肉在烧制过程中变形。

技术关键

1. 选用的五花肉肥瘦要均匀，表皮要完整洁净。

2. 改刀时不可拉得过深，以免烧熟后变形。

3. "松针"在整个制作工艺中施行两次。第一次在"滚煮"之后进行，主要目的是为疏松猪皮，松针的密度相对较大。第二次在"烧制"途中进行，目的是宣泄气体。

4. 焙皮的火力要均匀，注意皮朝火。

5. 脆皮烧肉有生烧、熟烧两种，技法相同。

5 松针：五花肉皮向上，用猪皮插在猪皮上插满小孔，用水清洗干净。

6 腌制：五香盐均匀地涂在肉面上。将光皮乳猪皮水涂在皮面上。

7 焙皮：用锡纸盖着五花肉瘦肉面。再用双钩勾着叉烧针部位，挂入已烧至中火炉温的烧烤炉中，开盖焙至干爽。五花肉表皮焙至干爽后，取出挂于通风处，让五花肉自然冷却。

8 烧制：五花肉冷却后，挂入炉中，盖上盖子烧约5分钟，再取出用猪皮插插满小孔。在表皮扫上一层花生油，再挂入炉中用中火烧约40分钟。

9 成品：皮烧至色泽大红时取出。

脆皮叉烧

专用工具 / 叉烧针

常用设备 / 明炉

风味特色

色泽金红，肥肉酥脆，焦香松化

知识拓展

1. 五花肉位于猪的腹部，腹部脂肪组织多，其中又夹带着肌肉组织，肥瘦间隔，故称"五花肉"。

2. 脆皮叉烧一改过去粤菜传统叉烧只是软滑多汁的特点，为叉烧增加了一份脆皮的质感，这种"脆皮叉烧"是传统粤菜"烧上叉"的改良品种，是20世纪90年代后期的烧味新品种。

∘ ○ **原 材 料** ○ ∘

主 料 猪五花肉2500克

调味料 白砂糖600克，精盐50克，花生酱50克，芝麻酱50克，鸡蛋清25克，玫瑰露酒10克，五香粉10克，甘草粉10克

工艺流程

改刀 ► 腌制 ► 上针 ► 烧制 ► 上碟

1 改刀：五花肉改成长36厘米、宽4厘米、厚2厘米的长条形，洗净，沥干水分。

2 腌制：五花肉与白砂糖、精盐、花生酱、芝麻酱、鸡蛋清、玫瑰露酒、五香粉、甘草粉拌匀，腌4小时以上。

3 上针：腌好的五花肉用叉烧针穿排整齐。

4 烧制：五花肉条放入已预热的烧炉里，以热量不使肥肉出油的温度加热到瘦肉熟透。

5 上碟：取出冷却，肥肉朝上切成2.5厘米的段装盘。

炭烧猪颈肉

专用工具 / 叉烧环

常用设备 / 挂炉

风味特色

滑爽多汁，肉质肥嫩不油腻

技术关键

由于炭烧猪颈肉块头较粤式的蜜汁叉烧大，故烧烤的时间也应相应增加。

知识拓展

1. 猪颈肉位于猪颈两边，因其稀少而珍贵，所以有"黄金六两"之称。

2. 炭烧猪颈肉源于泰国，其腌料与粤式的叉烧有区别，都是用泰国特色的香料，故风味较为特别。

 ○○ (原) (材) (料) ○○

主 料 猪颈肉1000克

调味料 精盐16克，生抽10克，鱼露30克，白砂糖80克，香叶2克，香茅10克，柠檬叶15克，罗勒5克

佐 料 香柠汁适量

工艺流程

改刀 ➡ 腌制 ➡ 烧制 ➡ 装盘

1 改刀：将猪颈肉改成大块。

2 腌制：用精盐、生抽、鱼露、白砂糖、香叶、香茅、柠檬叶和罗勒调好的调味汁腌约30分钟，每隔15分钟翻一次，以使猪颈肉均匀入味。

3 烧制：待猪颈肉入味后，用叉烧环逐条将肉条穿上，挂入已预热的烧烤炉中，微开炉盖，中火烧熟即可。

4 装盘：炭烧猪颈肉切片装盘后，再在上面挤入香柠汁，或让客人自行添加。

澳门烧肉

专用工具 / 叉烧针、猪皮插、双钩、木柄丁字钩、桑刀、锡纸

常用设备 / 挂炉

风味特色

表面金黄，外皮松化，肉多汁有弹性

知识拓展

澳门烧肉是脆皮烧肉的改良创新品种。

叉烧针穿插示意图

○ ○ (原)(材)(料) ○ ○

主 料 连皮五花肉（去骨）约2500克

调味料 五香盐40克，粗盐50克

工艺流程

成品 ← 回炉 ← 刮焦

松针 → 擦盐 → 剞刀 → 定形 → 腌制 → 烧制

1 **松针**：五花肉皮面向上，用猪皮插在猪皮上密插小孔。

2 **擦盐**：用粗盐在猪皮上反复擦，使猪皮发白。

3 **剞刀**：五花肉面向上，用刀在瘦肉部分顺肉纹直拉数刀。拉刀深度为肉厚的1/3。

4 **定形**：用2支叉烧针在离肉边约5厘米的位置分别平行在皮肉中间穿入，再用2支叉烧针分别对角穿入，使叉烧针呈交叉状，用以避免五花肉在烧制过程中变形。

5 **腌制**：五香盐均匀涂在肉面上。

6 **烧制**：用锡纸盖着五花肉瘦肉面。再用双钩勾着叉烧针部位，以皮向壁、肉向火的姿势挂入已烧至中火炉温的烧烤炉中加热30分钟。在皮面完全发白时，将火加至炽烈，当听到皮面有"噼啪"的声音时，将皮面朝向火，并适当打开炉盖，使火苗上升得更高，让猪皮表面焦煳。待猪皮整面煳黑后，用木柄丁字钩将五花肉取出。

7 **刮焦**：把双钩卸去，将煳黑的五花肉皮向上平放在工作台上，然后一手拿清洁纸，另一手拿桑刀，以斜刀削的形式将猪皮上的煳黑物铲削干净。

8 回炉：再用双钩将铲削干净的五花肉勾起，重新挂回已调至慢火炉温的烧烤炉里，待猪皮稍有着色即取出。

9 成品：五花肉从炉里取出，皮向上放在工作台上，将叉烧针卸下，用桑刀将五花肉边缘焦黑的地方切去，除去锡纸即可。

技术关键

1. 澳门烧肉有生烧与熟烧之分，熟烧是预先将五花肉用滚水煮至八成熟才进入以上环节，生烧是烧至五成熟时取出。

2. 为了便于五花肉表皮焦煳，也可增加"焙皮"的环节。

3. 将五花肉表皮烧致焦煳的目的是让猪皮明胶完成絮化反应，使其呈现酥化的质感。也可不烧至焦煳的，菜式名称"嘉和烧肉"，即猪皮呈现"麻子面"时取出，不用铲削，但质感仅呈现酥脆。

4. 刮焦时要注意不要让削取的焦煳物污染猪皮，要每铲削一下，随后用清洁纸将刀抹净。

5. 回炉时注意炉温不能过高，见猪皮回油即可取出。

三、广东烧味制作工艺

串烧金钱鸡

专用工具 / 叉烧针、双钩、
　　　　　木柄丁字钩
常用设备 / 挂炉、糖胶箱

风味特色

气香、味甘、质滑

主　料 胸肉500克，肥肉
500克，猪肝500
克，胡萝卜片适
量，荷叶卷（面制
品）适量

调味料 汾酒25克，生抽
100克，白砂糖30
克

技术关键

1. 主料中的猪肝片可用金
华火腿片代替，切片的
大小及厚薄相同。
2. 各肉片串穿时相互之间
不要太紧凑，否则难以
烧熟。

工艺流程

成品

刀工 → 腌制 → 串穿 → 烧制 → 剪焦 → 淋糖

1 刀工：胸肉、肥肉、猪肝分别改成直径5厘米
的金钱形肉条。胸肉再片成厚约0.3厘米的薄
片，肥肉再片成厚约0.8厘米的薄片，猪肝再
片成厚约0.5厘米的薄片。

2 腌制：胸肉片用汾酒、生抽及白砂糖腌30分
钟。肥肉片用汾酒及白砂糖腌45分钟。猪肝片
用汾酒腌20分钟。

3 串穿：以一片胸肉片、一片肥肉片、一片猪肝
片的顺序用叉烧针穿在它们的中心串起来。叉
烧针两端套入胡萝卜以固定肉片。

4 烧制：待肉片串好后，用双钩平衡勾起，放入有
足够炉温的挂炉中，微开盖，用中火烧约45分
钟。等肉片滴出清油，即可木柄丁字钩取出。

5 剪焦：用剪刀剪去烧焦的"火鸡"。

6 淋糖：淋上糖胶。

7 成品：食用时每件三块夹肉的"金钱鸡"摆在
一件荷叶卷上面，再摆砌装盘。

蒜香烧鸡中翼

专用工具 / 叉烧针

常用设备 / 挂炉

风味特色

蒜香味浓郁，有蜜汁味

技术关键

1. 在回炉再烧的过程中，鸡中翼宜翻转至另一面烧烤。
2. 蒜汁容易抢火，用慢火烧最合适。

知识拓展

蒜香烧鸡中翼是一道深受儿童喜爱的菜肴，在烧制过程中注意不要烧过火，避免产生过多的有害物质。

○ ○ 原 材 料 ○ ○

主 料 鸡中翼1000克

调味料 蒜汁100克，白砂糖200克，精盐15克，味粉5克，酱油65克，玫瑰露酒30克，蜜汁200克

工艺流程

解冻 → 清洗 → 腌制 → 烧制 → 成品

1 解冻、清洗：鸡中翼解冻后用清水洗净，飞水后沥干水分。

2 腌制：鸡中翼放入拌匀的调味料内腌约45分钟，每隔10分钟搅匀一次，使鸡中翼入味。

3 烧制：用叉烧针穿好鸡中翼，放入已预热的烧炉内，用慢火烧约25分钟，取出，稍凉，淋上蜜汁，回炉用中火烧5分钟，取出。

4 成品：稍冷却后装盘，再淋上蜜汁便成。

蜜味烧凤肝

专用工具 / 叉烧针

常用设备 / 挂炉、糖胶箱

风味特色

甘香可口

技术关键

穿针时要穿肉厚的那边，以免在烧烤过程中肉掉下。另不宜烧得太干，太干则影响成品质感。

知识拓展

蜜味烧凤肝因其质感软滑，香味浓郁，适合做下酒菜。

主 料 黄沙鸡肝500克

调味料 1. 蜜汁25克

2. 叉烧酱40克，玫瑰露酒15克，姜汁酒10克

工艺流程

清洗 ➤ 腌制 ➤ 烧制 ➤ 成品

1 清洗：鸡肝洗干净，沥干水分。

2 腌制：鸡肝放入和匀的调味料中腌约30分钟，每隔10分钟搅匀一次，使之入味。

3 烧制：用叉烧针将鸡肝穿起，挂入已预热的烧炉内，用中火15分钟至滴出清油时取出。

4 成品：稍凉后装盘，淋上蜜汁即可。

南乳吊烧鸡

专用工具 / 鹅尾针、双钩

常用设备 / 挂炉、铁镬、平
头炉

风味特色

色泽呈枣红色，外皮酥脆，
肉质鲜嫩

技术关键

1. 烧制时若发现鸡皮起
   泡，须打开炉盖，用鹅
   尾针将其气泡刺破。
2. 炸制时边淋油边用鹅尾
   针刺入，以去除鸡皮内
   的气体。

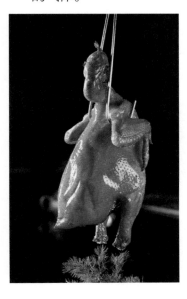

○ ○ **原** **材** **料** ○ ○

主 料 清远鸡光鸡1只（约750克）

调味料 1. 腌料：南乳150克，花生酱30克，精
盐10克，生抽30克，味精5克，姜丝10
克，葱丝10克，八角3克

2. 烧鸡皮水100克

工艺流程

成品 ← 吊炸

腌制 → 烫水 → 上皮 → 焙皮 → 晾干 → 烧制

1 腌制：将南乳和花生酱用榨汁机绞烂，加入生
抽、精盐、味精拌匀，然后抹匀全鸡内外，腌
制约30分钟，之后将姜丝、葱丝和八角放入内
腔，用鹅尾针缝上尾口和鸡脖的开口。

2 烫水：鸡迅速放入开水中，烫紧鸡皮后放入清
水中过冷，再用毛巾轻轻刷去鸡表皮的白衣。

3 上皮：把整只鸡放入烧鸡皮水中涂匀。

4 焙皮：用双钩将鸡勾起，挂入微温热的烧烤炉
内，用慢火将鸡皮焙至干爽。

5 晾干：将鸡取出，挂放在通风干爽的地方让其
自然凉透。

6 烧制：鸡冷却后，挂入中火炉温的烧烤炉中，
半开盖，烧约20分钟，若鸡脚筋部位有液体滚
动的现象，即视鸡已被烧熟。

7 吊炸：鸡凉透要上菜时，即将鸡挂在油锅之
上，用鹅尾针刺破鸡眼，然后用150℃的花生
油慢慢由头向下淋下去，把鸡炸至大红色、皮
脆，取出沥油。

8 成品：将炸好的鸡取出斩块，装盘上桌。

太和烧鸡

专用工具 / 叉烧针、双钩

常用设备 / 挂炉、铁镬、平头炉

风味特色

色泽金黄，皮脆肉滑，咸香味浓

   ○ ○ （原）（材）（料）○ ○ ·

主料 光鸡1只（约1000克）

调味料 盐焗鸡粉120克，玫瑰露酒10克，烧鸡皮水50克

蘸料 芝麻油10克，盐焗鸡粉60克

工艺流程

原料初步处理 ▸ 腌制 ▸ 上皮水 ▸ 烧制 ▸ 炸制 ▸ 成品

1 原料初步处理：鸡去肺、油、喉，洗净，沥干水分。

2 腌制：鸡从鸡胸部切开，然后压平，将盐焗鸡粉与玫瑰露酒拌匀，涂匀鸡胸内，腌制约20分钟，再用叉烧针从鸡翼旁、鸡胸内外将鸡压平穿起，使鸡身成琵琶形。

3 上皮水：用开水淋鸡皮，晾干水分，再涂上烧鸡皮水，然后放入烧炉内烘干，取出。

4 烧制：烧炉内用大火烧热，收火，双钩勾好鸡挂入炉中，盖好盖，用炉温焗20~25分钟，焗至滴清油时取出。

5 炸制：烧锅热油，至油六成热时收慢火，将油慢慢地淋遍鸡身，炸至鸡全身金黄色、皮脆时即成。

6 成品：盐焗鸡粉用芝麻油拌匀，作蘸料伴食。

技术关键

在烧焗过程中，如炉温过高，用锡纸放在鸡上面隔热，可避免被烧焦。

脆皮风沙鸡

专用工具 / 鹅尾针、双钩、
　　　　　铁镬、平头炉

常用设备 / 挂炉

风味特色

色泽金黄，皮脆肉滑，咸香
味浓

 ○○ 原 材 料 ○○

主 料

清远鸡光鸡1只（约750
克）

调味料

1. 腌科：蒜肉150克，香
叶5克，清水600克，精盐
30克，白酱油150克，鸡粉
30克，姜丝10克，八角3克
（料重）

2. 烧鸡皮水100克

3. 风沙馅配方：面包糠500
克，葱蓉200克，味粉100
克，鸡粉150克，白砂糖10
克，精盐30克

工艺流程

腌制 → 上皮 → 烧制 → 淋油 → 成品

1 腌制：将蒜肉与香叶加入清水，用榨汁机绞成
蓉，再加入精盐、白酱油、鸡粉拌匀，然后将
光鸡埋入其中，腌约30分钟。

2 上皮：待鸡腌入味后，将适量的姜丝和八角放
入鸡肚之内，用鹅尾针缝上口，然后迅速用开
水将鸡烫紧，用清水洗净表皮，涂上烧鸡皮
水，用双钩勾起双翼吊挂在通风处，将鸡皮晾
干。

3 烧制：待鸡皮晾干后，用中等的炉温且半开盖
将鸡烧熟，一般以鸡腿后筋部位有液体滚动为
度，但切不可将鸡皮烧断，从炉中将鸡勾出，
让其自然凉透。

4 淋油：待鸡自然凉透后要上菜时，淋油，在皮
色均匀地转为金红色时，用鹅尾针略刺鸡腿和
鸡胸部，散去皮内气体即可。

5 成品：待鸡斩砌装盘后，将风沙馅撒上即成。

脆皮烧鹅（鸭）

专用工具 / 充气泵、鹅尾针、双钩

常用设备 / 挂炉

风味特色

色泽金红，皮脆肉嫩，味香可口

主　料　鹅1只约3500克（白鸭、麻鸭）

调味料　八角3粒，姜片2片，蒜仁2粒，五香盐125克，烧鹅皮水500克，酸梅酱75克

工艺流程

成品 ← 烧制 ← 焙皮（风干）

宰杀 → 充气 → 上腔 → 再充气 → 烫水 → 上皮

1. **宰杀**：鹅杂毛去干净，不要开肚。

2. **充气**：用气泵将鹅的内腔充气，使其皮与肉充分分离。

3. **上腔**：开肚取出内脏后，用五香盐涂匀鹅腔，同时放入3粒八角、2片姜片和2粒蒜仁，然后用鹅尾针缝好肚腔。

4. **再充气**：用气泵将鹅身打胀。

5. **烫水**：用滚水淋鹅身至表皮收紧，表皮由白色变黄色（泛白）。

6. **上皮**：鹅放入烧鹅皮水中，涂匀表皮。

做烧鹅的选材可以选用黄鬃鹅、马冈鹅、乌鬃鹅等。目前较多师傅选择个头中等或小个头的清远乌鬃鹅为烧鹅原料，其骨软肉肥，体形适中，肉嫩多汁。或是选用3000~4000克的马冈鹅，使用荔枝柴烧制，味道比较有特色。

7 焙皮（风干）：用双钩勾住鹅双翅，双钩平行于鹅背。挂钩完毕的鹅挂在风口处，用风扇吹干其表皮，时间约为3小时。

8 烧制：待烧烤炉达到高温时，将鹅挂入炉中，鹅背向火，胸向壁，盖上炉盖。在180℃下烧50分钟（制作脆皮鸭则烧35分钟）。

9 成品：当鹅的表皮烧成枣红色时取出成品，斩件装盘，酸梅酱作蘸料伴食。

技术关键

1. 上皮时，用老抽涂在鹅腿部分，以防此部分不着色。
2. 选料以乌鬃鹅为首选，其次是肥满滑嫩的肉鹅，而骨硬肉薄的鹅则难烧出效果。

挂炉片皮鸭

专用工具 / 双钩、鹅尾针
常用设备 / 挂炉、铁镬、平
头炉

风味特色
色泽金红，皮脆，甘香酥化

. ○ ○ **原** **材** **料** ○ ○ .

主　料 肥光鸭1只（约2000克）

调味料 姜块10克，葱球25克，虾片15克，薄饼
24张，海鲜酱50克，淮盐15克，八角粉
1.5克，片皮鸭皮水100克

工艺流程

原料初步处理 → 上皮水 → 晾干 → 烧制 → 炸制 → 成品

1 原料初步处理：宰好的鸭在右翅腋底部割一
孔，约长3厘米，并在翅夹部弄断3条筋骨，
去掉食道、气管，在肛门处勾断鸭肠，从翅刀
口处取出内脏和肺，把鸭洗净。用一根小竹
条（长约7厘米），一端撑鸭胸，另一端撑脊
骨，把鸭撑饱满。

2 上皮水：鸭用沸水烫皮至发硬，取出稍沥干
后，涂上片皮鸭皮水。

1. 制作此菜肴可选当地麻鸭为原料。挂炉片皮鸭不仅吸收了江苏金陵片皮鸭和北京片皮鸭的制作精髓，还体现出其颇具特色的"快捷"制作方法，先用炭火将鸭烧至五六成熟，待上菜前再用热油浇淋鸭身，使"片皮鸭"除了色泽金红之外，更令其皮脆肉鲜。

2. 用此方法将主料变化后还可以制作挂炉片皮鹅等菜肴。

3 晾干：用双钩勾起后挂在通风处晾干。

4 烧制：把淮盐、八角粉、姜块放入鸭腔内，把鸭以胸向壁、背向火的姿势挂入已预热的挂炉里，先烤背，待背部变红色后，转胸部向火，待鸭身基本变红色后取出晾凉。

5 炸制：上席前，用热油淋炸至鸭皮色金红至脆。

6 成品：上席时，由师傅在客人席前，用刀将鸭皮片下24块，放虾片上，跟薄饼、葱球、海鲜酱上席即成。

技术关键

1. 在翅腋底开膛取脏，目的是使鸭身完整，方便片皮，故开口不宜太大。

2. 为了使皮色大红而脆，片皮鸭皮水应晾干后再放入挂炉烧制。

3. 用油淋炸过可使鸭皮色均匀而脆，但要掌握好油温。片皮要迅速，大小均匀。

4. 选料以填鸭为佳。

三、广东烧味制作工艺

乳香琵琶鸭

专用工具 / 琵琶叉

常用设备 / 挂炉

风味特色

皮色泽大红，皮脆，肉味香浓

技术关键

1. 要使鸭身板直，剖胸时要在正中。
2. 上皮料后要晾干，或置焗炉中用小火烘干，然后再烤，这样才可以使成品皮脆，烤时炉温要均匀。

知识拓展

1. 乳香琵琶鸭用乳香酱调味，造型似琵琶，因而得名。乳香琵琶鸭骨肉酥香，皮脆香口，备受广大食客的青睐。
2. 用此方法将主料变化后还可以制作乳香琵琶鸽等菜肴。

原 材 料

主 料 光鸭1只（约1500克）

调味料 1. 腌料：白砂糖6克，精盐5克，味粉2.5克，五香粉1克，沙姜粉1克，芫荽粒5克

2. 烧鹅皮水200克

3. 酱料：乳香酱20克，蒜蓉5克，干葱蓉5克，芫荽5克

工艺流程

剖胸上叉 → 上皮水 → 烧制 → 成品

1 剖胸上叉：将鸭洗净，在胸部剖开，把鸭压扁，加腌料涂匀鸭腔，用琵琶叉从尾部插入至头部，用竹筷子固定，使鸭身直板。

2 上皮水：鸭用沸水烫至表皮收紧，然后用烧鹅皮水涂匀表皮，挂在通风处晾干。

3 烧制：放烧烤炉中用小火焙干，涂酱料于鸭腔，置炉中烧25~30分钟至皮色大红即成。

4 成品：装盘上席。

琵琶鸭

专用工具 / 双钩、琵琶叉、叉烧针

常用设备 / 挂炉、铁镬、平头炉

风味特色

骨肉酥香，皮脆香口，色质红亮，干香而不油腻。

技术关键

在烧制时应注意火候均匀且鸭身不宜烧太干。

原 材 料

主　料 光鸭1只（约1500克）

调味料 烧鹅皮水100克，五香盐150克，乳猪酱50克

工艺流程

开腔 ➤ 腌制 ➤ 上膛 ➤ 上皮 ➤ 焙皮 ➤ 烧制 ➤ 淋油 ➤ 成品

1 **开腔：** 将鸭剖开，取出内脏，再将鸭胸骨斩断，将鸭子压平。

2 **腌制：** 将鸭皮朝下、肉朝上放在工作台上，用五香盐涂在鸭肉上，腌约15分钟，再用乳猪酱重复涂在鸭肉上。

3 **上膛：** 用叉烧针交叉撑平和撑紧鸭身。

4 **上皮：** 待鸭撑好后，用沸水将鸭皮均匀烫紧，然后将烧鹅皮水涂在鸭皮上。

5 **焙皮：** 用双钩勾住鸭下巴挂入烧烤炉中，用微火焙干。

6 **烧制：** 待鸭皮焙至干爽和凉透后，将鸭挂入烧烤炉中，盖上盖，用中火将鸭身烧至淡红色即可。

7 **淋油：** 待鸭即将上菜时，将鸭挂在油锅之上，然后将温油从头至颈淋下去，待鸭身均匀地受热以及完全转白后，改用稍热的油进行淋油。

8 **成品：** 鸭的色泽转为枣红色，便可斩件装盘。

香烧鸭脚包

专用工具 / 叉烧环

常用设备 / 挂炉、糖胶箱、
木柄丁字钩

风味特色

气香、味甘

【知识拓展】

香烧鸭脚包又称鸭扎，是以
蜜汁叉烧、白切鸡等下脚料
为原料的菜式，用以避免浪
费及提高企业利润。

○○ 原 材 料 ○○

主 料 鸭掌500克，冰肉1000克，鸡肝1000
克，鸭肠1000克

调味料 精盐10克，白砂糖40克，花生酱10克，
汾酒10克

工艺流程

成品 ← 淋糖 ← 烧制

修整 → 刀工 → 卤制 → 灼制 → 包裹 → 腌制

1 修整：鸭掌用剪刀剪去甲尖，用刀切断掌筋。
如有老茧用刀切去。

2 刀工：冰肉切成长4厘米、宽3厘米、厚2厘米
的肉块。鸡肝一分为二。

3 卤制：鸡肝及修整好的鸭掌飞水，捞起沥去水
分，放入微滚的卤水中卤熟。

1. 香烧鸭脚包除用鸭肠之外，还可用鸡肠及鹅肠。

2. 鸭肠要清洗干净。

3. 鸭肠在灼制时不要灼得过熟，灼熟后要迅速泡在冰水里过冷，避免鸭肠散热不及时霉烂。鸡肠及鹅肠也是这样。

4. 包裹时，鸭肠要拉紧一些，避免烧熟后松脱。

5. 香烧鸭脚包都是熟制原料，烧制的目的是加强香气，因此，火候不宜过高，且烧制的时间也不宜太长。检视标准是用手捏而弹实。

4 灼制：鸭肠清洗干净，用滚水灼熟，捞起迅速放在冰水中过冷。

5 包裹：将鸭掌放在手心，再将一块冰肉及一块鸡肝放在鸭掌心上，接着先用鸭肠顺掌半卷，再横卷将冰肉、鸡肝扎紧在鸭掌上，最后用筷子将鸭肠末端收入卷好的鸭肠内即成鸭脚包坯。

6 腌制：将鸭脚包坯放入用精盐、白砂糖、花生酱及汾酒调匀的腌汁中腌约25分钟。

7 烧制：鸭脚包坯腌入味后，用叉烧环逐只串好，放入预先加热至180℃的挂炉内，烧制15分钟。

8 淋糖：鸭脚包坯烧好后，用木柄丁字钩取出，再淋上糖胶。

9 成品：膳用时，可原只鸭脚包摆砌装盘，或破开摆砌装盘。

广 东 烧 腊 制 作 工 艺

香烧桂花扎

专用工具 / 叉烧环
常用设备 / 挂炉

风味特色
色泽大红，口味咸甜甘香

○ ○ 原 材 料 ○ ○

主　料 里脊肉500克，糖冰肉500克，腐皮500克

辅　料 咸蛋黄20个，鸡蛋200克，鸭肠7副

调味料 精盐5克，白砂糖50克，汾酒20克

工艺流程

上碟 ← 烧制

改刀 → 腌制 → 辅料加工 → 卷制 → 腌制 → 上叉

1 改刀：里脊肉改成长、宽约18厘米，厚约0.3厘米的薄片。糖冰肉同样改成长、宽约18厘米，厚约0.3厘米的薄片。

2 腌制：用精盐2克、白砂糖10克、汾酒5克把里脊肉腌透，用叉烧环摊平挂起，略微风干。

1. 由于糖冰肉油脂大，故较为粘刀，所以在片肉时最好将刀烫热，然后边烫边片，便会较快地片出冰肉片。
2. 在烧制期间须将背火一面转向火，以保证肉卷受火均匀。

知识拓展

香烧桂花扎据说是始创于广州北园酒家的一种烧味制品，其用料全是一些比较常见的粗料，但经此搭配和制作，就烹烧出色彩绚丽、肉质鲜爽、甘香味纯的食品。

3 辅料加工：鸡蛋去壳打成鸡蛋液，热锅涂上花生油，滚锅煎出薄蛋皮。咸蛋黄在平盘上捏成条状，放入蒸炉蒸熟。鸭肠用开水烫熟，过上冰水，以防鸭肠受热后霉烂。

4 卷制：将腐皮摊开，上铺蛋皮、里脊肉、糖冰肉片，最后放入咸蛋黄，然后卷成圆条，再用鸭肠直捆一圈，再从一端将鸭肠一层压一层地横捆肉卷直至捆至另一端为止，用筷子将鸭肠尾端塞入肉卷中便可。

5 腌制：用剩余的精盐、白砂糖、汾酒和匀腌约45分钟。

6 上叉：把卷满辅料呈条状的肉条用叉烧环在离肉端5厘米处穿入。

7 烧制：挂入烧旺的烧烤炉中，微开炉盖，用中慢火烧约40分钟。其后用手捏肉卷无弹性和肉卷滴出清油为熟，此时便可取出，淋上糖胶，拿到明档挂棚。

8 上碟：上席时切片装盘。

香烧桂花肠

专用工具 / 叉烧环、叉烧针、针板、不锈钢盆、漏斗、木柄手钩

常用设备 / 挂炉、糖胶箱

风味特色

气香、味甘

知识拓展

香烧桂花肠是以各种肉料加工时产生的下脚料为原料的菜式，粗料精制，用以避免浪费及提高企业利润。

· ○ (原) (材) (料) ○ ·

主 料 猪瘦肉350克，猪肥肉150克，鸡肝100克，肠衣10克

调味料 白砂糖50克，五香粉2克，精盐6克，生抽20克，汾酒15克，姜汁酒5克，陈皮末5克，清水50克

工艺流程

成品 ← 淋糖 ↑

刀工 → 腌制 → 灌肠 → 打针 → 上环 → 烧制

1 **刀工**：猪瘦肉、猪肥肉、鸡肝分别改切成稍大于黄豆的肉粒。

2 **腌制**：猪瘦肉粒和猪肥肉粒用混合好的白砂糖、五香粉、精盐、生抽、汾酒拌匀，腌约45分钟。鸡肝用姜汁酒加陈皮末拌匀，也是腌约45分钟。

3 **灌肠**：腌好的猪瘦肉粒、猪肥肉粒及鸡肝粒倒入不锈钢盆中，再加入清水拌匀配成肉馅。肠衣用温水泡软，先在肠衣一头打上结。然后将漏斗小管套入另一头肠衣口中，再将肉馅不断

广东烧腊制作工艺

62

技术关键

1. 为肉肠打针时，针板要垂直插下，并且不宜插至底部。

2. 为肉肠上环时，叉烧环不能太靠近端头，以免端头失去承重力而断裂。

3. 烧制时的火候不宜过高，避免肠衣上的针孔因热胀冷缩不平均而爆裂。

4. 肉肠烧熟后趁热松动一下叉烧环及叉烧针的位置，以免肉肠冷却与叉烧环及叉烧针黏附得太紧。

用指背压入漏斗内部灌入肠衣里。待肉馅灌满肠衣之后，将肠衣余下的一头打上结，以免肉馅漏出。

4 打针：将肉肠放在工作台上，摆成多个"M"形，用叉烧环离顶端约3厘米处穿入，用针板在肠身打上密孔，以利于烧制时疏气和排水。

5 上环：将肉肠摆成长度为30厘米的"M"形，用叉烧环在一端的5厘米处将肉肠串穿，再用叉烧针在肉肠中部横腰串穿，防肉肠断裂。

6 烧制：待木炭在挂炉中烧旺令炉温充足时，将肉肠放入，微开炉盖，不可用过猛的火候，以免肠衣高温爆裂。烧至肉肠由软转硬并滴出清油时，用木柄手钩从挂炉中取出。

7 淋糖：肉肠从挂炉中取出后，淋上糖胶。

8 成品：将肉肠切成段排砌装盘，伴上芫茜即可膳用。

红烧乳鸽

专用工具 / 人字钩

常用设备 / 炒炉、铁镬、汤桶

风味特色

色泽红亮，皮脆骨软，肉嫩多汁，香味浓郁

○ ○ （原）（材）（料） ○ ○

主料　光乳鸽1只（约400克）

调味料　白卤水2500克，乳鸽皮水100克，噲汁75克，淮盐75克

知识拓展

1. 选料用20天左右白毛的中山石岐乳鸽或者美国皇鸽。

2. 红烧乳鸽是广东传统名菜之一，是粤港澳酒楼的必备菜品。乳鸽的脆皮保持时间为45分钟左右，这个时间段内食用质感最好。

工艺流程

开腔 ▸ 浸鸽 ▸ 上皮水 ▸ 吹晾 ▸ 油炸 ▸ 成品

1 开腔：用刀在乳鸽左肩与颈的交界处及乳鸽腹部各开一个口。取出内脏，将乳鸽爪斩下来。洗净乳鸽的内腔。

2 浸鸽：把乳鸽浸入煲滚的白卤水中30分钟，浸熟后取出用热水冲洗鸽身表皮的油污，沥干水分。

3 上皮水：浸熟的乳鸽用乳鸽皮水搽抹表皮。

4 吹晾：把抹好皮水的乳鸽用人字钩吊挂着晾干或在风扇旁吹干。

5 油炸：预先将油加热，将乳鸽放在笊篱中，放入油锅，先用热油淋鸽内腔至热，然后边炸边摆动笊篱，把乳鸽炸至大红色、皮脆，取出沥油。

6 成品：乳鸽炸好后整件装盘，噲汁、淮盐装小碟一道上席作佐食。

技术关键

油炸时油温非常重要，油温过高，会使成品发黑并且产生苦味；油温过低，则不能在适当的时间产生足够的化学反应，达不到皮脆色红的效果。

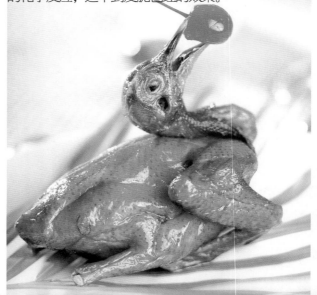

吊烧乳鸽

专用工具 / 人字钩

常用设备 / 挂炉

风味特色

皮脆、肉鲜，蒜香味浓郁

技术关键

1. 腌制的时间要充裕，让味慢慢渗透至乳鸽肉中。
2. 上皮水后要晾干再入炉烤。

知识拓展

用此方法将主料变化后还可以制作"乳香吊烧鸡"等菜肴。

主 料 光肥嫩乳鸽1只（约400克）

调味料 蒜蓉300克，精盐300克，白砂糖130克，味精15克，乳鸽皮水300克

工艺流程

腌制 → 烫皮 → 淋皮水晾干 → 烧制 → 成品

1 腌制：乳鸽洗净，吸干水分，将蒜蓉、精盐、味精、白砂糖拌匀，填满乳鸽内腔，腌3~4小时，取出，去掉蒜蓉，用清水洗净。

2 烫皮：乳鸽用沸水烫过。

3 淋皮水晾干：吸干水分，淋乳鸽皮水后挂通风处晾干。

4 烧制：放入烧烤炉中，用小火烧约30分钟至熟。

5 成品：取出，切块装盘造型。

三、广东烧味制作工艺

蜜汁烧鹌鹑

专用工具 / 叉烧针、双钩

常用设备 / 挂炉

风味特色

蜜味甘香，佐酒首选

技术关键

烧制过程中，可在勾起的鹌鹑上面加锡纸盖住，鹌鹑便不易被烧焦。

知识拓展

鹌鹑肉是典型的高蛋白、低脂肪、低胆固醇食物，各种微量元素丰富，不仅食用营养价值高，药用价值也很高，特别适合中老年人以及高血压、肥胖症患者食用。鹌鹑可与补药之王人参相媲美，誉为"动物人参"。

主　料　光鹌鹑12只

调味料　1. 蒜蓉15克，姜片15克，肉葱20克，糖胶500克，干葱蓉20克

2. 叉烧酱200克，玫瑰露酒20克，美极酱油25克，老抽少许

工艺流程

宰杀 → 腌制 → 上钩 → 烧制 → 成品

1 宰杀：将鹌鹑斩脚，开肚，挖去肺、肝、喉，洗净，沥干水分。

2 腌制：用调匀的腌味料将鹌鹑腌制40分钟，每隔10分钟翻搅一次，使鹌鹑均匀入味。

3 上钩：用叉烧针将每4只鹌鹑串成一排（先压平鹌鹑，背向下，从左翼穿至右翼），用双钩勾起。

4 烧制：挂入已预热的烧炉内，用大火烧约10分钟后，翻转，用中火再烧5分钟，取出，稍凉，淋上糖胶，回炉烧5分钟，滴出清油、无血色便熟。

5 成品：稍冷却后剪去烧焦的部分，装盘淋上糖胶即可。

蜜汁烧排骨

专用工具 / 双钩

常用设备 / 挂炉

风味特色

色泽大红，内咸外甜，蜜味，肉松香，别具风味

技术关键

技术关键

1. 改刀的目的是使排骨入味易熟，但不可剖太深，以免熟后肉质收缩影响成品的外形。
2. 腌制过程中，要经常翻动，使味渗透。
3. 烧制时，先把肉面向炉壁，烧至骨面变色时，再转烧肉厚的一面。
4. 烧排骨不宜过火，否则骨缝的肉会收缩，变成见骨不见肉，影响观感。

知识拓展

蜜汁烧排骨深受人们欢迎，故衍生了多种做法，家庭自制时，可用烤箱代替挂炉。

○○ 原材料 ○○

主料 猪排骨1500克

调味料 叉烧酱500克，糖胶300克

工艺流程

清洗 → 改刀 → 腌制 → 烧制 → 成品

1. 清洗：猪排骨洗净，沥干水分。

2. 改刀：用刀在猪排骨肉面上剁"井"字纹。

3. 腌制：将腌叉烧味料拌匀并擦匀猪排骨，腌制1小时。

4. 烧制：烤炉预热，将猪排骨用双钩勾好，挂入挂炉内以180℃炉温烧约25分钟，取出，稍冷却后淋糖胶，再入炉烧约10分钟至熟。

5. 成品：取出装盘，淋上糖胶即可。

光皮乳猪
（挂炉）

专用工具 / 乳猪叉、双钩、
细铁丝、叉烧
针、锡纸、木条

常用设备 / 挂炉

风味特色

味道中和，皮脆肉甘

知识拓展

1. 一般一个月之内的小猪
都叫乳猪。选料时拣选
一些比较瘦小的乳猪、
品种以香猪为佳。重为
4000~5000克，要求皮
薄，躯体丰满。

2. 光皮乳猪是传统的粤
菜，其以烧烤成品后有
如玻璃光滑的猪皮而得
名。据资料介绍，早在
20世纪40年代开设在广
州宝华路的银龙酒家出
品的光皮乳猪已闻名各
地。

主　料 乳猪1只（4000~5000克）

调味料 光皮乳猪皮水50克，花生油少许，五香
盐125~150克，乳猪酱适量

工艺流程

成品 ← 烧制 ← 晾皮

劈猪（开膛）→ 渌水 → 腌制 → 上叉 → 上皮 → 焙腔

1 劈猪（开膛）：把乳猪劈成"琵琶形"。

2 渌水：用双钩勾住乳猪股骨，然后放入滚水中
将猪皮烫紧，取出放入流动清水中漂凉。再勾
起沥干水分。

3 腌制：将乳猪皮朝下平躺在加工台上，用五香
盐均匀撒在肉和骨上，再用双钩勾起，略腌数
分钟。

4 上叉：用乳猪叉从乳猪的股骨插入内腔，再从
前排的第四或第五根的排骨处穿出。中间直架
起上猪长木条，使猪平直，近猪腹手肘位和后
腿部位上下横架短木条1根，使猪身定型。用
细铁丝分别捆绑前蹄和后蹄，用锡纸包住尾
巴。反转猪身，检查猪坯是否平服，否则用手
轻轻拍平。

5 上皮：用油刷把光皮乳猪皮水均匀涂在烫好的
乳猪身上。

6 焙腔：待烧烤炉中的木炭烧红，将涂好皮水的
乳猪挂入炉中，猪腔向火，猪皮向壁。大概
40分钟之后乳猪稍为干身，旺火改为阴火，
乳猪颈背及臀部表皮干爽即可将乳猪从炉中取
出。

7 晾皮：取出后将乳猪挂放在通风干燥的地方，
晾凉至常温。

8　烧制：①达到160℃炉温时将乳猪挂入，先内腔向火，皮向壁，盖上盖子，目的是焙出乳猪体内的水汽，减低"起泡"现象。②待乳猪已受热均匀（8~10分钟）时，即可将猪皮向火及将炉盖轻微打开。③待烧烤25~30分钟，用叉烧针刺入猪颈背等厚肉处，如流出清油，则说明乳猪已被烧熟，取出。

9　成品：待至乳猪皮身色泽金红，用叉烧针刺入厚肉部位流出清油时取出，跟上适量乳猪酱，装盘上桌。

技术关键

1. 劈猪时切忌劈穿猪皮。
2. 上皮时应小心别让其他水分溅在猪皮上，如是则会令乳猪烧熟后出现影响观感的俗称"花皮"或"斑点"的现象。
3. 焙腔时：①不宜在乳猪挂炉之后才生火，因刚点燃的木炭会产生很多未完全燃烧的炭碎，从而令乳猪受到污染。②若是猪皮着色、起皱、渗油则是焙制时间过长的原因。③在用火方面，则应采用较为温和的火候，猛火会出现大面积起泡现象。④不要将乳猪皮焙出油，猪皮硬后应立即取出，挂在通风处凉透。
4. 烧制时：①火候：不可用虚火烧烤。②如烧烤途中出现"起泡"现象，就应马上将乳猪取出，用叉烧针刺穿猪皮以排出猪皮底下的热气，但切莫刺入肉中，否则烧制后乳猪皮会产生白点环纹。再用排笔扫上花生油后再继续烧烤。③烧烤前为防乳猪四蹄、猪耳和猪尾在烧制过程中被烧焦，可用湿润的砂纸包裹着，待将近尾声时摘去，否则不着色。

麻皮乳猪

专用工具 / 乳猪叉、双钩、细铁丝、叉烧针、锡纸、木条

常用设备 / 挂炉、烧乳猪炉

风味特色

色金黄、皮薄脆、肉松嫩、骨香酥

知识拓展

1. 选料时拣选一些比较瘦小的乳猪，品种香猪为佳。重为4000~5000克，要求皮薄，躯体丰满。

2. 麻皮乳猪有两种上菜方法，一为"片皮"，二为"斩件"，前者跟上甜酱、千层饼、细砂糖和葱球，后者跟上甜酱和细砂糖。

○○ (原) (材) (料) ○○

主　料 乳猪1只（4000~5000克）

调味料 麻皮乳猪皮水50克，花生油少许，五香盐125~150克

工艺流程

开膛 → 烫水 → 腌制 → 上叉 → 上皮 → 焙皮 → 烧制 → 成品

1 开膛：选重为4000~5000克的乳猪，开腔取脏。

2 烫水：将乳猪放入加有食粉的开水中，略烫2~3分钟，取出马上投入流动的清水中过冷。

3 腌制：待乳猪完全冷却后，即挂在铁架上，让它自然流干水分；继而将乳猪皮朝底平放在工作台上，用五香盐涂匀骨与肉，腌数分钟。

4 上叉：用乳猪叉从乳猪的股骨插入内腔，再从前排的第四或第五根的排骨处穿出。中间直架起上猪长木条，使猪平直，近猪腹手肘位和后腿部位上下横架短木条1根，使猪身定型。用细铁丝分别捆绑前蹄和后蹄，用锡纸包住尾部。反转猪身，检查猪坯是否平服，否则用手轻轻拍平。

5 上皮：用清水洗净猪皮，抹干猪皮上的水分，均匀地刷上麻皮乳猪皮水。

6 焙皮：将乳猪放入挂炉中用先旺后慢的炉温（保持80℃）焙至皮面干爽，大约需1.5小时。待乳猪焙干，从炉中取出，待其自然晾透。

技术关键

1. 木炭选择结实的荔枝木炭，确保烧制火力均匀，不能时大时小，避免频频加炭，导致后期火力不足。

2. 准备烧制乳猪前，木炭需要完全燃烧，出现蓝色火焰，暗火更佳，避免过大的明火烧制，否则容易起泡且容易烧黑。

3. 烧制时视乳猪皮的干爆程度，及时涂上花生油或者清油。

4. 不同于光皮乳猪用温和的火，烧制麻皮乳猪时用火要大，还需要不停地涂油，这样烧制出来的猪皮色泽金黄、酥脆。

7 烧制：①待木炭烧旺后，用长镶铲将木炭耙成小山状，然后右手拿着毛巾托着乳猪叉，左手握着叉棒不断地转动着乳猪。②先烧猪腔，目的是将猪腔内的水分略微烘出，之后按尾部、腩部、颈部再到猪头的顺序迅速转动，使乳猪均匀受热，待猪皮转白但未变红时，即减慢转动速度，让猪皮大面积受火，令猪皮爆起"麻皮"，边起"麻皮"边迅速地刷上花生油。③待乳猪均匀地爆起"麻皮"后，再迅速转动，以令猪皮色泽均匀和令猪皮更松化。烧20~25分钟后，猪皮呈均匀的大红色时用叉烧针分别刺入颈背和臀部，见能流出清油即乳猪已被烧熟。

8 成品：将整猪装盘，葱丝、薄饼及其他调料分别装盘作跟碟。

栋企鸡

专用工具 / 撑鸡架

常用设备 / 挂炉

风味特色

色泽金黄，皮脆肉滑，鲜嫩多汁，油而不腻

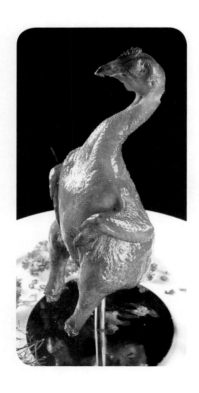

◦○ 原 材 料 ○◦

主 料	三黄鸡1号（750~1000克）
调味料	腌鸡粉适量

工艺流程

宰杀 → 开腔 → 备烤架 → 腌制 → 上架 → 烤制 → 成品

1 **宰杀**：鸡放血后，用75℃的水烫30秒，去鸡毛。

2 **开腔**：用剪刀开两个口，一个在鸡腹部，剪开后掏净内脏，去鸡油；另一个在胃部，剪开后拔掉气管和淋巴，去鸡油。

3 **备烤架**：撑鸡架盘底加入3克盐，加入适量水。

4 **腌制**：用腌鸡粉抹匀整个鸡腹腔及鸡背。

5 **上架**：鸡爪放到鸡肚子里，整只鸡竖插到撑鸡架上。

6 **烤制**：放入烤炉，鸡背对着出气口，先大火烤6分钟，待表皮上色后加盖，用小火再烤14分钟。

7 **成品**：鸡的表皮烧成金黄色时取出成品，不用斩块，连同撑鸡架一起上桌。

技术关键

1. 选料，不宜选用过于肥大的三黄鸡，也不宜太瘦削。太肥易油腻，太瘦易干柴不脆。

2. 开腔时不是把鸡腔对半开，要保持鸡骨架的完整。

3. 腌制时整只鸡每个部分都要抹匀，包括腹腔内和表皮，鸡脖子处需注意翻开皮抹入，鸡大腿内侧需开一个口，方便腌入味。

四、广东卤味
制作工艺

白切鸡

专用工具 / 卤水桶、长竹筷子或铁钩

常用设备 / 平头炉、燃气灶

风味特色

原汁原味，皮爽肉滑

知识拓展

1. 要选肉质比较嫩的品种，常见的有三黄鸡和走地鸡，广东人一般用清远鸡和湛江鸡来做白切鸡。白切鸡千万不能用老母鸡。

2. 白切鸡经典的蘸料配方是广东姜葱汁蘸料。蘸料食材需要的原料是嫩姜、葱、芫荽和白芝麻。制法：将这4种食材洗净、剁碎放入碗中，加入滚油（让食材的香味充分散发出来），加入少量鲜酱油，便成广东姜葱汁蘸料。

3. 用于过冷的水不宜低于5℃，否则鸡肉内的热气难以疏散。

∘∘ (原)(材)(料) ∘∘

主 料 清远鸡1只（约700克），清水（5000克）

调味料 姜葱蓉适量（姜块50克，葱条30克，料酒25克）

工艺流程

成品 ← 斩件 ← 过冷 ← 浸制 ← 清洗 ← 开腹取脏 ← 褪毛 ← 宰杀

1 宰杀：将鸡割喉放血，一手抓住鸡翼，用小指勾着一只鸡脚，大拇指和食指捏鸡颈，使鸡喉管凸出，迅速切断喉管及颈部动脉；持刀的手放下刀，转抓住鸡头，捏鸡颈的手松开，让鸡血流出。

2 褪毛：把断气的鸡放入热水中烫毛，烫片刻后取出拔净鸡毛。宰杀的原料不同，烫毛的水温也不同，一般鸡项需70~72℃，还要根据当时的气温和鸡毛的干湿度灵活调节。

3 开腹取脏：在鸡颈背开一个3厘米的小口，取出嗉囊、气管及食管。将鸡放在砧板上，鸡胸朝上，用手按压鸡腿，使腹部鼓起，用片刀在鸡腹部上顺切开口，开口位置不要超过胸骨位置。

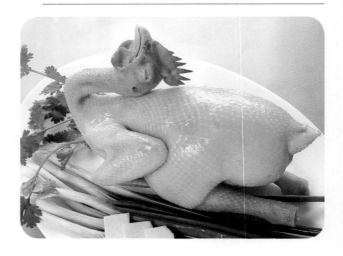

4 清洗：掏出所有的内脏及肛门边的屎囊，在鸡脚关节稍下一点的地方剁下双脚，然后把鸡的内腔冲洗干净。

5 浸制：清远鸡洗净后，左手拿鸡翅，右手拿着鸡颈，将鸡身放入以菊花心为度的开水中（汤锅加清水，放姜块、葱条、料酒烧开）。待鸡腔灌满开水后，再提起漏完开水，如此重复两三次，以令鸡身内外温度一致。再将鸡放入水中，此时便可灭火，浸约15分钟便可。

6 过冷：待鸡只被浸熟之后，应马上投入冰冻的清水之中，令鸡皮迅速收缩，达到鸡皮脆爽的效果，时间应控制在15分钟以内，以免鲜味流失。

技术关键

如果鸡身缺乏黄油，可适当调入少量的黄姜粉。

7 斩件：将过冷后的鸡抹干水分，涂上熟花生油，斩件，在碟上摆出鸡形，配姜葱蓉作为佐料，上桌。

8 成品：白切鸡制作简易，刚熟不烂，皮爽肉滑，清淡鲜美，驰名粤港澳。

筒子油鸡

专用工具 / 卤水桶

常用设备 / 平头炉

风味特色

味道鲜香，色泽光滑油亮，皮爽肉嫩，味香可口

知识拓展

1. 鸡项是广东的说法，即仔鸡，指未下过蛋的雌鸡和从未打过鸣的公鸡。可以选用文昌鸡、三黄鸡等，广东人一般用清远鸡来做筒子油鸡。

2. 精卤水适用于做筒子油鸡、玫瑰豉油鸡、豉油皇乳鸽等。

原 材 料

主 料 毛鸡项1只（约1250克）

调味料 精卤水5000克（见常用卤水调制）

工艺流程

成品 ← 斩件 ← 收汗 ↑

选料 → 宰杀 → 褪毛 → 取脏 → 清洗 → 卤制

1 选料：一般选择是鸡项，重约为1250克。

2 宰杀：将鸡割喉放血，一手抓住鸡翼，用小指勾着一只鸡脚，大拇指和食指捏鸡颈，使鸡喉管凸出，迅速切断喉管及颈部动脉；持刀的手放下刀，转抓住鸡头，捏鸡颈的手松开，让鸡血流出。

3 褪毛：把断气的鸡放入热水中烫毛，烫片刻后取出拔净鸡毛。宰杀的原料不同，烫毛的水温也不同，一般鸡项需70~72℃，还要根据当时的气温和鸡毛的干湿度灵活调节。

4 取脏：在鸡的左翼底开一小孔，用右手手指伸入鸡的肛门将内脏挖松，然后再用左手手指缠着鸡的食管将鸡的内脏及鸡肺完整地拉扯出来。

技术关键

1. 掌握好原料的比例。
2. 卤制时间要够。
3. 不同性质的原料应分开卤制。
4. 原料卤制前须先经"飞水"处理。
5. 卤制原料宜用中小火。

5　清洗：掏出所有的内脏及肛门边的屎囊，用清水灌冲，将鸡腔内的血水冲洗干净。在鸡脚关节稍下一点的地方剁下双脚。

6　卤制：用空心的竹筒插在鸡的肛门口，然后左手拿鸡翅，右手拿着鸡颈，将鸡身放入烧开的精卤水中，待鸡腔灌满开水后，再提起漏完卤水，如此重复6次，熄火，再浸约25分钟，取起。

7　收汗：待鸡只浸熟之后，趁热在鸡皮上涂一层麦芽糖护色及加强光泽度，再晾凉。

8　斩件：待鸡凉，拔去竹筒并斩件，在碟上摆出鸡形，伴上芫荽，配调制过的精卤水为佐料，上桌。

9　成品：筒子油鸡质感爽滑，色泽光滑油亮、皮薄肉嫩、味香可口。

豉油鸡

专用工具 / 卤水桶、炒锅

常用设备 / 平头炉、燃气灶

风味特色

色泽光亮，皮薄肉嫩，味香可口

知识拓展

豉油鸡是比较出名的广东家常菜，因为用料简单，做法简单，味道却特别好，做出来的鸡肉特别嫩滑可口，而备受大家的喜欢，即使家庭中都可以轻松做出，味道比较好的话最好选用整只鸡来做，那样鸡的质感会更爽滑。

主　料 清远鸡1只（约750克）

调味料 精卤水5000克（见常用卤水调制）

工艺流程

选料 → 宰杀 → 褪毛 → 开腹取脏 → 清洗 → 卤制 → 斩件 → 成品

1 选料：一般选择是清远鸡，重量约750克。

2 宰杀：将鸡割喉放血，一手抓住鸡翼，用小指勾着一只鸡脚，大拇指和食指捏鸡颈，使鸡喉管凸出，迅速切断喉管及颈部动脉；持刀的手放下刀，转抓住鸡头，捏鸡颈的手松开，让鸡血流出。

3 褪毛：把断气的鸡放入热水中烫毛，片刻后取出拨净鸡毛。宰杀的原料不同，烫毛的水温也不同，一般鸡项需70~72℃，还要根据当时的气温和鸡毛的干湿度灵活调节。

技术关键

1. 掌握好原料的比例。
2. 浸制时间要够。
3. 在浸泡时要控制火候，以保持其肉质嫩滑。

4 开腹取脏：在鸡颈背开一个3厘米的小口，取出嗉囊、气管及食管。将鸡放在砧板上，鸡胸朝上，用手按压鸡腿，使腹部鼓起，用片刀在鸡腹部上顺切开口，开口位置不要超过胸骨位置。

5 清洗：掏出所有的内脏及肛门边的屎囊，在鸡脚关节稍下一点的地方剁下双脚，然后把鸡的内腔冲洗干净。

6 卤制：把鸡放入烧开的精卤水里，熄火，卤浸20分钟，捞出后即是成品。

7 斩件：待鸡凉后斩件，在碟上摆出鸡形，淋一些汁，伴上芫荽，上桌，也可配椒圈豉油作为蘸酱。

8 成品：豉油鸡味道鲜香，色泽鲜亮，鸡肉嫩滑。

白云猪手

专用工具 / 砂锅或铁镬

常用设备 / 矮仔炉

风味特色

酸中带甜，肥而不腻，食而不厌，骨肉易离，皮爽肉滑

原材料

主料 猪手2500克

调味料 白醋1500克，白砂糖750克，精盐90克，糖精0.3克，红辣椒75克

工艺流程

成品 ← 浸制 ↑

选料 → 灼水 → 剃毛、清洗 → 煮制 → 漂冷 → 切块

1 **选料**：正宗的白云猪手选料讲究，一般选择猪脚尖部分，现普遍选用猪前腿。

2 **灼水**：猪手洗净，放入沸水煮5分钟，去掉猪手的血污和膻味。

3 **剃毛、清洗**：将焯好水的猪手冲洗，把猪毛剃干净并清洗干净（若想有雪白之色，可将猪手表皮完全烧焦，用清水泡软烧焦组织后，用刀刮净）。

4 **煮制**：猪手放入清水中用慢火熬约30分钟，捞出。

5 **漂冷**：将煮制过的猪手投入清水中泡约1.5小时，取出，沥干水分。

6 **切块**：猪手泡冷后用刀砍成均匀的块。

7 **浸制**：洗净铁镬，将猪手放入兑好的汁中浸约6小时，上菜时捞起盛入酸芥头即成（具体操作为：将白醋煮沸，加白砂糖、精盐，煮至溶解，滤清，凉后倒入盆里，将猪手块浸6小时，随食随取）。

8 **成品**：做好的白云猪手色泽光滑、肥而不腻、食而不厌、骨肉易离、皮爽肉滑。

技术关键

1. 猪手要先煮后斩件，以保持形状完整。煮后一定要冲透，并洗净油腻。
2. 浸泡用的姜一定要是老姜，这样才能彻底去除猪手的膻味。
3. 煮猪手的时间不要过长或过短，时间长了，猪皮的原蛋白溶于水中过多，皮质不爽口；时间过短，其皮老韧。

知识拓展

1. 白云猪手选用的是猪的猪脚部位，原料比较常见，若要讲究就选取猪的前腿。
2. 白云猪手典故：相传白云山麓的白云仙观，曾有两个道士非常嘴馋。有一次，趁住持下山化缘，他们偷偷去菜市弄来一只猪手，便在山间烹煮，不料猪手刚刚被煮熟，住持却化缘归来。道士担心此事被住持发现，会受到惩罚，便将猪手扔到山溪流水之中。不巧被路过的樵夫发现，觅得这只猪手，便带回家中，用糖腌调味，不料却烹得晶莹透彻、皮脆肉爽、甜酸适中的猪手。因烹猪手的方法来源于白云山麓，所以被称为白云猪手。仿效典故，还专门取白云山九龙泉水浸泡，以增加去解油腻的功效。

卤水猪肚

专用工具 / 片刀、卤水桶

常用设备 / 平头炉、燃气灶

风味特色

味道甘香，质感爽而不烂

知识拓展

猪肚具有补虚损、健脾胃之功效。

○ ○ 原 材 料 ○ ○

主　料　猪肚1个

调味料　一般卤水1桶（1500克），玫瑰露酒15克，汾蹄汁适量，芝麻油适量

工艺流程

成品 ◀ 切件

选料 ➡ 搓洗 ➡ 烫洗 ➡ 初加工 ➡ 煲煮 ➡ 卤浸

1　选料：选择常见的猪肚即可。

2　搓洗：用面粉搓洗把猪肚表面黏糊糊的东西清洗干净，同时将猪肚翻开，除去肚内膜油。

3　烫洗：将猪肚复位，放入热水中，搅动热水，取出猪肚，刮去肚顶上的白衣，洗净猪肚上的黏液，再用清水冲洗干净。

4　初加工：用刀在猪肚上横切开小口，以利于加温时疏气，然后放入锅中，加入清水，用中火煮浸至软，去除猪肚的异味。

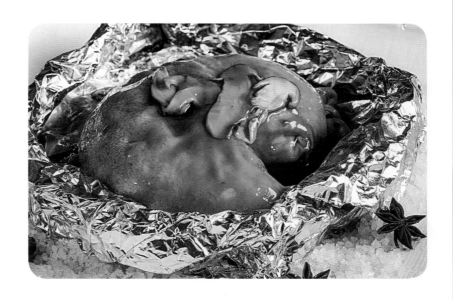

技术关键

1. 在加工整理猪肚时，必须去掉内膜和肥肉部分，再用刀在猪肚上横切开小口，以利于加温时疏气。

2. 加水要没过猪肚，尽量将猪肚压在水底，不要让猪肚在煲煮过程中与空气接触，避免猪肚与空气接触后变黑。

3. 煮猪肚的水中必须加入生姜，能有效去腥。

4. 注意看一下卤水的颜色，如果感觉太淡的话，最好加入适量的酱油，以增加卤味的着色。

5 煲煮：把猪肚放入锅内，加入适量的水煮开，加盖焖制，在焖猪肚时，应将猪肚压入水底，不要让猪肚在煲煮过程中与空气接触，以防猪肚与空气接触后变黑（以筷子容易插入时捞起）。

6 卤浸：待猪肚煲焖至软和用清水漂凉后，在已煮沸的一般卤水中，加入玫瑰露酒，然后放入猪肚，浸至入味即可（熬5分钟，熄火浸15分钟）。

7 切件：把浸制入味的猪肚捞起来放凉，根据食用需要改刀切件，淋上卤水汁和芝麻油，并配上佐料汾蹄汁，上桌。

8 成品：卤好的猪肚色泽亮丽、肥而不腻。

卤水鹅掌（翼）

专用工具 / 卤水桶或炒锅

常用设备 / 平头炉、燃气灶

风味特色

色泽金黄，甘香味浓，质感爽脆

20世纪80年代初以前，粤菜多以一般卤水及油鸡水等的传统固定配方去制作所有的粤式卤水品种，而制作卤水使用的材料大多以香科药材、清水或生抽为主，缺乏肉味和鲜味，味道则以大咸大甜为重点。随着人们口味的变化，此类配方制品逐渐不受食家们的欢迎，到了90年代，随着粤菜对外界饮食交流的深化，专式卤水掀起了一场卤水革命，潮州卤水的诞生，令卤水食品更齿颊留香。

○ ○ （原）（材）（料）○ ○

主　料 鹅掌（翼）500克

调味料 潮州卤水1桶（5000克），玫瑰露酒15克，芝麻油5克，汾蹄汁75克

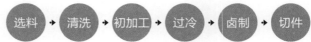

工艺流程

成品
↑
选料 → 清洗 → 初加工 → 过冷 → 卤制 → 切件

1 选料：选择大一点的鹅掌约每只100克或鹅翼约每只60克。

2 清洗：把鹅掌的黑衣去掉，用刷将污渍擦去，洗干净；鹅翼拔去幼毛，洗净。

3 初加工：锅中加入清水，放入鹅掌，用慢火熬40分钟，小心取出，漂凉水，待用。锅中加入清水，放入鹅翼，用中火熬30分钟，小心取出，漂凉水，待用。

4 过冷：将初加工好的鹅掌（翼）过冷，使鹅掌（翼）迅速冷却，同时也冲洗干净鹅掌表面上的污迹。

技术关键

1. 煲鹅掌、鹅翼时，鹅掌与鹅翼的火候不同，鹅掌用中火熬便会使表皮爆裂，影响外形。

2. 鹅翼肉质表皮比鹅掌硬，要用中火熬才行。

3. 捞出鹅掌、鹅翼漂水和浸卤时都要小心，不要把表皮弄破，否则会影响外观。

4. 卤鹅掌、鹅翼时，最后出锅前应熄火卤浸，才能使肉料慢慢吸收卤水的味道而又不会破皮。

5. 卤制：将一般卤水煮沸，取出药材包，加入玫瑰露酒，再把鹅掌（翼）放入，用慢火煲。然后熄火，浸20分钟，小心捞出。

6. 切件：待鹅掌（翼）冷却后斩件装盘，淋上卤水汁和芝麻油。膳用时用汾蹄汁伴食。

7. 成品：卤水鹅掌（翼）色泽金黄、甘香味浓、质感爽脆。

豉油皇凤爪

专用工具 / 炒锅或卤水桶
常用设备 / 燃气炉

风味特色

色泽亮丽，软而不烂，甘香嫩滑，软糯独特

[知识拓展]

凤爪挑选皮厚、个大的分割鸡爪，于加工前8~10小时去掉包装，置于盆中自然解冻或流水解冻，然后用清水冲洗干净，剪去趾甲。

○○ 原 材 料 ○○

| 主　料 | 大凤爪1000克 |
| 调味料 | 豉油皇卤水1份 |

豉油皇卤水配方：

生抽3000克，冰糖150克，花雕酒150克，香叶5克，罗汉果1个，甘草20克，桂皮20克，公丁香5克，八角20克，小茴香8克，花椒10克，白豆蔻5克，红豆蔻5克，陈皮15克，红谷米50克，草果10克，生姜100克，沙姜15克

工艺流程

1 选料：一般选用大一点的凤爪。

2 清洗：凤爪清洗干净，去掉杂质，用剪刀剪去鸡的爪尖，清洗干净，沥干水分。

3 灼水：把沥干水分的凤爪放入烧开的水中灼约1分钟后捞起。

4 过冷：灼好水的凤爪投入清水中过冷备用。

5 制卤汁：将药材香料装入汤袋，然后将所有材

技术关键

1. 在选料上用冻凤爪或鲜
   凤爪都可，卤过后口味
   影响不大。
2. 鸡爪洗干净，切掉趾
   甲，在最多肉的鸡掌处
   划一刀，方便入味。
3. 掌握好原料的比例。
4. 熬制时间要够。

料煮开，再调慢火煮约30分钟即成豉油皇卤
水。

6 卤制：凤爪放入豉油皇卤水中，把卤水烧开后
改慢火煮至有少量凤爪浮上水面，熄火盖上盖
浸卤20分钟，捞起即可。

7 切件：可根据需要是否改刀，切成小小一只的
凤爪，撒上芫荽点缀。

8 成品：做好的豉油皇凤爪外形美观、色泽诱
人、软而不烂、甘香嫩滑、软糯独特，可撒上
芝麻点缀上桌。

豉油皇乳鸽

专用工具 / 卤水桶、炒锅

常用设备 / 平头炉、燃气灶

风味特色

色泽鲜艳，皮软滑而肉甘香

知识拓展

1. 广东中山石岐盛产乳鸽，以体形大、胸肉厚、肌肉饱满、肉质嫩滑而饮誉省港澳市场。石岐不少酒家饭馆所制作的乳鸽，也极为食客所喜爱。

2. 乳鸽作为中山的名菜，除色、香、味俱全外，还在于可兼作药用食疗，因乳鸽肉性温平、入肺肾，有治肺肾伤损久患虚亏的功效，故此菜式历久不衰。

3. 精卤水中加入适量的铁观音或水仙茶叶煮出味卤浸乳鸽，可演变成"茶皇乳鸽"。

。○ **原** **材** **料** ○。

主 料 乳鸽2只（约750克）

调味料 精卤水1桶（1500克），玫瑰露酒13克，蜂蜜20克

工艺流程

选料 → 宰杀 → 褪毛 → 开腹取脏 → 清洗 → 制卤汁 ↓

成品 ← 斩件 ← 涮汁 ← 放凉 ← 卤制 ← 飞水

1 **选料**：一般选用出生25天左右的鸽子。

2 **宰杀**：为了保留鸽子血的营养价值，可以将鸽子放在水中溺死后，静置约半小时后，待血液凝固再烫毛去内脏。

3 **褪毛**：烫鸽子的水温一般是65~70℃，还要根据当时的气温灵活调节。烫完后进行拔毛。

4 **开腹取脏**：在鸽子背开一个3厘米的小口，取出嗉囊、气管及食管。将鸽子放在砧板上，鸽胸朝上，用手按压鸽腿，使腹部鼓起，用片刀在鸽腹部上顺切开口，开口位置不要超过胸骨位置。

5 **清洗**：掏出所有的内脏及肛门边的屎囊，在鸽子脚关节稍下一点的地方剁下双脚，然后把鸽子的内腔冲洗干净。

6 **制卤汁**：将水、绍兴酒、食盐、冰糖、花椒、八角、陈皮、桂皮、丁香、草果、甘草料置锅内烧开，以小火烧约20分钟成卤汁。

7 **飞水**：将清洗干净的鸽子略飞水，然后稍微沥干水分备用。

技术关键

1. 为了让鸽身内外受热均匀，更易入味、快熟，宜将乳鸽反复提起浸入。
2. 加入玫瑰露酒可增加香味。
3. 趁热涂上蜂蜜，可增加成品光泽。

8 卤制：煮沸精卤水，将乳鸽浸入，待鸽腔充满卤水时提起，如此反复3~4次，再原只放入，浸过鸽身，加入玫瑰露酒，用小火浸约30分钟，取出，稍冷却，涂上蜂蜜便成。

9 放凉：卤好的鸽子取出让其稍微冷却。

10 涮汁：待鸽子稍冷却，涂上蜂蜜使其色泽更加艳丽。

11 斩件：将鸽子进行改刀，在盘子摆砌造型，配酱碟上桌。

12 成品：卤好的豉油皇乳鸽外形美观、色泽鲜艳、皮软滑而肉甘香。

白切鹅（鸭）

专用工具 / 卤水桶、炒锅

常用设备 / 燃气灶

风味特色

白切鹅色泽淡黄，质地滑嫩，肉质鲜美，肥而不腻。白切鸭肉质细嫩，润滑清甜，无膻味

知识拓展

1. 鹅的品种很多，按体形分大、中、小3种，按用途分肉用型、蛋用型、肉蛋兼用型。

2. 乌鬃鹅是灰鹅的一种，也称清远鹅，是制作烧鹅的首选，白切鹅也常用此鹅。

原 材 料

- **主 料** 鹅1只（约3000克）或鸭1只（细骨农家鸭）1000克、清水2500克

- **调味料** 香叶20克，草果2粒（拍碎），沙姜10片，姜1块，葱2条，八角25克。蘸料：沙姜豉油150克（分2碟上）

工艺流程

成品 ◀ 斩件 ◀ 晾凉

宰杀 ▶ 褪毛 ▶ 开腹取脏 ▶ 清洗 ▶ 烫水 ▶ 卤制

1 宰杀：鹅割喉放血，鸭则是割鸭下巴位置放血，一手抓住鹅（鸭）翼，用小指勾着一只鹅（鸭）脚，大拇指和食指捏鹅（鸭）下巴颈位，使鹅（鸭）喉管凸出，迅速切断喉管及颈部动脉；持刀的手放下刀，转抓住鹅（鸭）头，捏鹅（鸭）颈的手松开，让鹅（鸭）血流出。

2 褪毛：把断气的鹅（鸭）放入热水中烫毛，片刻后取出拔净鹅毛或鸭毛。宰杀的原料不同，烫毛的水温也不同，一般鹅项需70~75℃，鸭需75~80℃，水温还要根据当时的气温和毛的干湿度灵活调节。

3 开腹取脏：在鹅（鸭）颈背开一个3厘米的小口，取出嗉囊、气管及食管。将鹅（鸭）放在砧板上，鹅（鸭）胸朝上，用手按压鹅（鸭）腿，使腹部鼓起，用片刀在鹅（鸭）的腹部上顺切开口，开口位置不要超过胸骨位置。

4 清洗：掏出所有的内脏及肛门边的屎囊，然后把鹅（鸭）的内腔冲洗干净。

5 烫水：锅内放入水烧沸，放入光鹅（鸭）烫透，捞出，沥净。

技术关键

1. 判断鹅是否已熟，可用竹签插入鹅胸肉，无血水流出便熟。

2. 白切沙姜豉油富有湛江特色。

3. 卤制好后将鹅及时捞出，以避免卤得过火，鹅皮爆裂不美。

4. 鹅在重阳节过后最肥美，做白切鹅选重3000克左右的鹅最为适宜。

5. 若是卤制白切鸭，则要先将鸭子用油煎过或炸过，以降低鸭子的腺味，再进行卤制。

6. 广东湛江本地人做白切鸭一重选鸭，二重煮鸭，三重配味。所选的鸭均为本地细骨农家鸭，绝不用饲料鸭和大骨鸭；煮鸭要求慢火煮浸，熟至八九成即可；配料用沙姜、蒜蓉。

6 卤制：清水锅中放入光鹅（鸭）、药材、香料，用慢火熬40分钟至鹅（鸭）熟捞出。

7 晾凉：将卤好的鹅（鸭）取出放凉待用。

8 斩件：把放凉后的鹅（鸭）进行斩件，在盘上摆砌成鹅（鸭）形，配上沙姜豉油酱上桌。

9 成品：白切鹅（鸭）摆砌上碟，配上蘸料，撒上芫荽、芝麻。制好的白切鹅色泽淡黄、质地滑嫩、肉质鲜美、滑嫩鲜香；白切鸭外形美观、色泽淡黄、肉质细嫩、润滑清甜、无膻味。

卤猪头皮

专用工具 / 片刀、卤水桶

常用设备 / 平头炉、燃气灶

风味特色

色泽亮丽，肥而不腻

技术关键

1. 猪头皮的杂毛较多，要用喷枪烧去表面的杂毛后再清洗干净。
2. 卤制时要控制好火候，其肉易烂。
3. 注意卤水的颜色，如果感觉太淡的话，最好加入适量的酱油，以增加卤味的着色。

知识拓展

以猪皮为原料加工成的皮花肉、皮冻、火腿等肉制品，不但韧性好，色、香、味、质感俱佳，而且对人的皮肤、筋腱、骨骼、毛发都有重要的生理保健作用。

原材料

主　料 猪头皮1副

调味料 一般卤水1桶（1500克），花生油适量，汾蹄汁适量，芝麻油适量

工艺流程

选料 → 清洗 → 初加工 → 冷却 → 卤制 → 切件 → 成品

1 选料：选择常见的猪头皮即可。

2 清洗：猪头皮清洗干净，去掉杂质。

3 初加工：把洗干净的猪头皮放入烧开的水中煮30分钟（可加入香料）。

4 冷却：捞出后用冷水冲凉，至猪头皮冷却至常温。

5 卤制：将一般卤水烧开，然后把过冷水后的猪头皮放入烧开的卤水里，用慢火卤制30分钟，捞出后既是成品。

6 切件：待猪头皮稍冷后切件装盘。并配上汾蹄汁作为蘸料上桌。

7 成品：卤好的猪头皮色泽亮丽、外形美观、肥而不腻。

卤水猪耳

专用工具 / 片刀、卤水桶

常用设备 / 平头炉、燃气灶

风味特色

色泽亮丽，质感爽脆弹滑

技术关键

1. 猪耳朵里的杂毛较多，要用煤气喷枪燃火烧去。
2. 卤制时要控制好火候，不能过火，否则影响质感。
3. 切猪耳朵时下刀的角度要斜，才能片得薄、切得细。

知识拓展

卤水猪耳这道菜肴具有补虚损、健脾胃的功效，味道鲜香不腻，且富含胶质。

 ◦ ◦ (原)(材)(料) ◦ ◦

主　料 猪耳朵2个

调味料 一般卤水1桶（1500克），花生油适量，汾蹄汁适量，芝麻油适量

工艺流程

选料 ➡ 清洗 ➡ 初加工 ➡ 冷却 ➡ 卤制 ➡ 切件 ➡ 成品

1　选料：选择常见的猪耳朵即可。

2　清洗：猪耳朵清洗干净，去掉杂质。

3　初加工：把洗干净的猪耳朵放入烧开的水中煮20分钟（可加入香料）。

4　冷却：捞出后用冷水冲凉，至猪耳朵冷却至常温。

5　卤制：将一般卤水烧开，然后把过冷水后的猪耳朵放入烧开的卤水里，用慢火煮30分钟，捞出后即是成品。

6　切件：待猪耳朵稍冷后切件装盘，并配上汾蹄汁作为蘸料上桌。

7　成品：卤好的猪耳朵色泽亮丽、外形美观、质感爽脆弹滑。

卤水猪尾

专用工具 / 片刀、卤水桶

常用设备 / 平头炉、燃气灶

风味特色

色泽亮丽，质感软滑

1. 猪尾杂毛较多，要用喷枪烧去表面的杂毛，再清洗干净。
2. 卤制时要控制好火候，不能过火，否则影响质感。

知识拓展

猪尾多用于烧、卤、酱、凉拌等烹调方法。

 ○ ○ 原 材 料 ○ ○

主　料　猪尾2条

调味料　一般卤水1桶（1500克），花生油适量，汾蹄汁适量，芝麻油适量

工艺流程

选料 → 清洗 → 初加工 → 冷却 → 卤制 → 切件 → 成品

1 选料：选择常见的猪尾即可。

2 清洗：猪尾清洗干净，去掉杂质。

3 初加工：把洗干净的猪尾放入烧开的水中煮20分钟（可加入香料）。

4 冷却：捞出后用冷水冲凉，至猪尾冷却至常温。

5 卤制：将一般卤水烧开，然后把过冷水后的猪尾放入烧开的卤水里，用慢火煮30分钟，捞出后即是成品。

6 切件：待猪尾稍冷后切件装盘，并配上汾蹄汁作为蘸料上桌。

7 成品：卤好的猪尾色泽亮丽、外形美观、质感软滑。

卤水五花腩

专用工具 / 片刀、卤水桶

常用设备 / 平头炉、燃气灶

风味特色

色泽亮丽，质感香软，肥而不腻

技术关键

1. 在卤制前要注意五花肉表皮，如果有杂毛要拔掉再清洗干净。
2. 卤制时要控制好火候，不能过火，否则影响质感。
3. 卤五花腩有热卤与冷卤的做法，这里介绍的是热卤。冷卤的做法是先将五花肉放入滚水中焗熟，取出用清水漂凉，再捞到冷冻的卤水中浸至入味。

知识拓展

五花肉是一些代表性名菜的最佳主角，如粤菜中的梅菜扣肉、南乳扣肉、卤猪五花肉等。它的肥肉遇热容易化，瘦肉久煮也不柴。

原材料

主料 猪五花肉1000克

调味料 一般卤水1桶（2500克），花生油适量，汾蹄汁适量，芝麻油适量

工艺流程

选料 → 清洗 → 初加工 → 冷却 → 卤制 → 切件 → 成品

1　选料：选择常见的猪五花肉即可。

2　清洗：猪五花肉清洗干净，去掉杂质，切成约6厘米宽。

3　初加工：把洗干净的猪五花肉放入烧开的水中煮30分钟。

4　冷却：捞出后用冷水冲凉，至猪五花肉冷却至常温。

5　卤制：将一般卤水烧开，然后把过冷水后的猪五花肉放入烧开的卤水里，用慢火煮30分钟，捞出后即是成品。

6　切件：待猪五花肉稍冷后切件装盘，并配上汾蹄汁作为蘸料上桌。

7　成品：卤好的猪五花肉色泽亮丽、外形美观、质感弹滑、肥而不腻。

卤猪肘子

专用工具 / 片刀、卤水桶

常用设备 / 平头炉、燃气灶

风味特色

色泽亮丽，质感软滑

技术关键

猪肘子的杂毛较多，要注意清理干净。

知识拓展

猪肘子皮厚、筋多、胶质重、瘦肉多，常带皮烹制，肥而不腻，为人类提供优质蛋白质和必需的脂肪酸。

○ ○ 原 材 料 ○ ○

主 料 猪肘子2只

调味料 一般卤水1桶（1500克），花生油适量，汾蹄汁适量，芝麻油适量

工艺流程

选料 → 清洗 → 初加工 → 冷却 → 卤制 → 切件 → 成品

1 选料：选择常见的猪肘子即可。

2 清洗：猪肘子清洗干净，去掉杂质。

3 初加工：把洗干净的猪肘子放入烧开的水中煮1.5小时。

4 冷却：捞出后用冷水冲凉，至猪肘子冷却至常温。

5 卤制：将一般卤水烧开，然后把过冷水后的猪肘子放入烧开的卤水里，用慢火煮1小时，捞出后即是成品。

6 切件：待猪肘子稍冷后切件装盘，并配上汾蹄汁作为蘸料上桌。

7 成品：卤好的猪肘子色泽亮丽、外形美观、质感脆滑爽口。

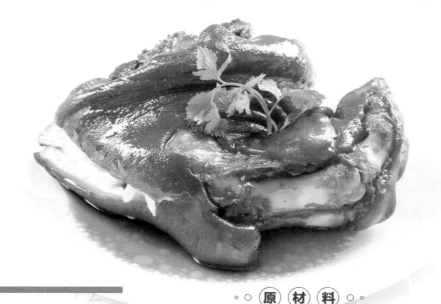

卤水猪蹄

专用工具 / 片刀、卤水桶

常用设备 / 平头炉、燃气灶、煤气喷枪

风味特色

色泽亮丽，质感软滑

技术关键

1. 猪蹄的杂毛较多，要用煤气喷枪燃火烧去。
2. 卤制时要控制好火候，否则猪蹄表皮容易破裂。

知识拓展

卤水猪蹄是一种美食，主要材料有猪蹄、花生、香料、芫荽等，是我国典型的传统熟肉制品。

 原 材 料

主 料 猪蹄2只

调味料 一般卤水1桶（1500克），花生油适量，汾蹄汁适量，芝麻油适量

工艺流程

成品

选料 → 清洗 → 初加工 → 冷却 → 卤制 → 切件

1 选料：选择常见的猪蹄即可。

2 清洗：猪蹄清洗干净，去掉杂质。

3 初加工：把洗干净的猪蹄放入烧开的水中煮1.5小时。

4 冷却：捞出后用流动的清水漂浸，至猪蹄冷却至常温。

5 卤制：将一般卤水烧开，然后把过冷水后的猪蹄放入烧开的卤水里，用慢火煮1小时，捞出后即是成品。

6 切件：待猪蹄稍冷后切件装盘，并配上汾蹄汁作为蘸料上桌。

7 成品：卤好的猪蹄色泽亮丽、外形美观、质感软滑。

卤水猪舌

专用工具 / 片刀、卤水桶

常用设备 / 平头炉、燃气灶

风味特色
色泽艳丽，咸香软滑

技术关键

1. 猪舌表面有白色的苔，要用刀刮干净再清洗。
2. 卤制时要控制好火候，不能过火，否则影响质感。

知识拓展

卤水猪舌嚼劲十足，是下酒好菜。

 原 材 料

主 料 猪舌2条

调味料 一般卤水1桶（1500克），花生油适量，汾蹄汁适量，芝麻油适量

工艺流程

选料 → 清洗 → 初加工 → 冷却 → 卤制 → 切件 → 成品

1 选料：选择常见的猪舌即可。

2 清洗：猪舌泡入75℃的热水里，利用热胀冷缩的原理使苔衣与舌肉分离，再用刀刮去苔衣并清洗干净，去掉杂质。

3 初加工：把洗干净的猪舌放入沸腾的开水中煮45分钟（可加入香料）。

4 冷却：捞出后用冷水冲凉，至猪舌冷却至常温。

5 卤制：将一般卤水烧开，然后把过冷水后的猪舌放入烧开的卤水里，用慢火卤30分钟，捞出后即是成品。

6 切件：待猪舌稍冷后切件装盘，并配上汾蹄汁作为蘸料上桌。

7 成品：卤好的猪舌色泽亮丽、外形美观、质感软滑。

卤水猪大肠

专用工具 / 片刀、卤水桶

常用设备 / 平头炉、燃气灶

风味特色

色泽艳丽，咸香软弹

技术关键

1. 猪大肠是猪的消化系统的末端，异味比较重，可加一点面粉一起搓洗，一定要清洗干净。
2. 卤制要用小火慢慢煮，猪大肠熟透再浸泡在凉冻的卤汁里，浸至猪大肠凉了捞出，可以使其味道完全进入并不易收缩。

知识拓展

猪大肠有润燥、补虚、止渴止血的功效。

○○ 原 材 料 ○○

主　料　猪大肠1000克

调味料　一般卤水1桶（2500克），花生油适量，汾蹄汁适量，芝麻油适量

工艺流程

选料 → 清洗 → 初加工 → 冷却 → 卤制 → 切件 → 成品

1 选料：选择常见的猪大肠即可。

2 清洗：猪大肠清洗干净（先用食盐、生粉、酒、醋把大肠擦洗干净，然后用水清洗干净）。

3 初加工：把洗干净的猪大肠放入烧开的水中煮45分钟（可加入香料）。

4 冷却：捞出后用冷水冲30分钟。

5 卤制：将一般卤水烧开，然后把过冷水后的猪大肠放入烧开的卤水里，用慢火卤30分钟，捞出后即是成品。

6 切件：待猪大肠冷后切件装盘，并配上汾蹄汁作为蘸料上桌。

7 成品：卤好的猪大肠色泽亮丽、外形美观、质感软弹。

卤水猪生肠

专用工具 / 片刀、卤水桶

常用设备 / 平头炉、燃气灶

风味特色

外形美观，咸香爽脆

技术关键

1. 猪生肠异味比较重，可加一点面粉一起搓洗，一定要清洗干净。
2. 卤制要用小火慢慢煮，注意掌控好火候，否则影响质感。

知识拓展

猪生肠含有蛋白质、钙、脂肪等物质成分。

 ○ ○ 原 材 料 ○ ○

主 料	猪生肠1000克
调味料	一般卤水1桶（2500克），花生油适量，汾蹄汁适量，芝麻油适量

工艺流程

选料 → 清洗 → 初加工 → 冷却 → 卤制 → 切件 → 成品

1 选料：选择常见的猪生肠即可。

2 清洗：猪生肠清洗干净（清洗方法与猪大肠相同）。

3 初加工：把洗干净的猪生肠放入烧开的水中煮25分钟（可加入香料）。

4 冷却：捞出后用冷水冲凉，至猪生肠冷却至常温。

5 卤制：将一般卤水烧开，把过冷水后的猪生肠放入烧开的卤水里，用慢火煮20分钟，捞出后即是成品。

6 切件：待猪生肠冷后切件装盘，并配上汾蹄汁或椒圈豉油作为蘸料上桌。

7 成品：卤好的猪生肠外形美观、质感爽脆。

卤水鹅肠

专用工具 / 片刀、卤水桶

常用设备 / 平头炉、燃气灶

风味特色

外形美观，咸香脆滑

主 料 鹅肠500克

调味料 一般卤水1桶（1500克），花生油适
量，汾蹄汁适量，芝麻油适量

技术关键

1. 鹅肠为禽类的内脏，要
   清洗干净，可以加一点
   盐搓洗。
2. 卤制时要控制好火候，
   否则肉质易绵软。

知识拓展

1. 鹅肠辨别其好坏以颜色
   浅而发乳白、外观厚粗
   为好。
2. 鹅肠虽脆爽，但略带点
   韧，若以适量食用碱水腌
   过，使其本质略变松软，
   然后灼熟进食，则爽脆程
   度大增，质感极好。

工艺流程

成品

选料 → 清洗 → 初加工 → 冷却 → 卤制 → 切件 ↑ 成品

1 选料：选择常见的、肥厚一点的鹅肠即可。

2 清洗：鹅肠去掉杂质，清洗干净。

3 初加工：把洗干净的鹅肠放入烧开的水中煮3
  分钟。

4 冷却：捞出后用冷水冲凉，至鹅肠冷却至常
  温。

5 卤制：将一般卤水烧开，把过冷水后的鹅肠放
  入烧开的卤水里，收火卤5分钟，捞出后即是
  成品。

6 切件：待鹅肠稍冷后切件装盘，并配上汾蹄汁
  作为蘸料上桌。

7 成品：卤好的鹅肠外形美观、质感脆滑。

四、广东卤味制作工艺

卤水鸭头

专用工具 / 片刀、卤水桶

常用设备 / 平头炉、燃气灶

风味特色

色泽艳丽，咸香可口

技术关键

1. 鸭头处的杂毛比较多，要处理干净，否则影响美观。
2. 焗煮时注意火候，以保证鸭头外观完整为原则。

知识拓展

鸭头含有丰富的营养成分，做法很多，如干锅鸭头、麻辣鸭头等。

 ○○ (原) (材) (料) ○○

主　料　鸭头若干

调味料　一般卤水1桶（1500克），花生油适量，汾蹄汁适量，芝麻油适量

工艺流程 成品

选料 → 清洗 → 焗煮 → 冷却 → 卤制 → 切件

1 选料：选择常见的鸭头即可。

2 清洗：鸭头清洗干净，去掉杂质。

3 焗煮：把洗干净的鸭头放入烧开的水中用慢火焗煮45分钟。

4 冷却：捞出后用冷水冲凉，至鸭头冷却至常温。

5 卤制：鸭头沥干水分，放入冷冻的一般卤水里浸至入味。

6 切件：待鸭头入味后破开装盘，并配上汾蹄汁作为蘸料上桌。

7 成品：卤好的鸭头色泽亮丽、外形美观、咸香可口。

卤水鸭翅

专用工具 / 片刀、卤水桶

常用设备 / 平头炉、燃气灶

风味特色

色泽艳丽，咸香可口

主 料 鸭翅2000克

调味料 一般卤水1桶（1500克），花生油适量，汾蹄汁适量，芝麻油适量

工艺流程

成品

选料 → 清洗 → 焗煮 → 冷却 → 卤制 → 切件

技术关键

1. 鸭翅的杂毛比较多，要拔干净，否则影响美观。
2. 卤鸭翅有生卤及熟卤两种做法，这里介绍的做法是熟卤。生卤的做法是将鸭翅直接放入沸腾的一般卤水中加热致熟。

知识拓展

鸭翅的营养价值很高，蛋白质含量比畜肉高得多。鸭翅的脂肪、碳水化合物含量适中，肉质紧实，深受大众喜爱。

1 选料：选择常见的鸭翅即可。

2 清洗：鸭翅清洗干净，去掉杂质。

3 焗煮：把洗干净的鸭翅放入烧开的水中用慢火焗煮45分钟。

4 冷却：捞出后用冷水冲凉，至鸭翅冷却至常温。

5 卤制：鸭翅沥干水分，放入冷冻的一般卤水中浸至入味。

6 切件：待鸭翅入味后斩件或原只装盘，并配上汾蹄汁作为蘸料上桌。

7 成品：卤好的鸭翅色泽亮丽、外形美观、咸香可口。

卤水鸭脖

专用工具 / 片刀、卤水桶

常用设备 / 平头炉、燃气灶

风味特色

色泽艳丽，咸香可口

技术关键

1. 将鸭脖用凉水长时间浸泡是为了去掉血水，保持其肉味鲜美，此步骤不可省略。
2. 卤制时要控制好火候，不能过火，否则影响质感。

知识拓展

鸭脖是老少皆宜的休闲食品，做法很多，如麻辣鸭脖、孜然鸭脖等。

原 材 料

主 料 鸭脖1000克

调味料 一般卤水1桶（5000克），花生油适量，汾蹄汁适量，芝麻油适量

工艺流程

选料 → 清洗 → 浸泡 → 卤制 → 切件 → 成品

1 选料：选择常见的鸭脖即可。

2 清洗：鸭脖清洗干净，去掉杂质。

3 浸泡：把洗干净的鸭脖放入凉水中浸泡1小时。

4 卤制：将一般卤水烧开，把鸭脖放入烧开的卤水里，用慢火卤30分钟，捞出后即是成品。

5 切件：待鸭脖稍冷后切件装盘，并配上汾蹄汁作为蘸料上桌。

6 成品：卤好的鸭脖色泽亮丽、外形美观、咸香可口。

卤水鹅肝

专用工具 / 片刀、卤水桶

常用设备 / 平头炉、燃气灶

风味特色

外形美观，咸香绵滑

技术关键

1. 在选鹅肝时宜选用新鲜宰杀的鹅取出鹅肝。
2. 卤制时要控制好火候，不能过火，否则影响质感。

知识拓展

鹅肝含丰富的微量元素。

主 料 鹅肝1000克

调味料 一般卤水1桶（2500克），花生油适量，汾蹄汁适量，麻油适量

工艺流程

选料 → 清洗 → 初加工 → 冷却 → 卤制 → 切件 → 成品

1 选料：选择常见的鹅肝即可。

2 清洗：鹅肝去掉杂质，清洗干净。

3 初加工：把洗干净的鹅肝放入烧开的水中煮25分钟。

4 冷却：捞出后用冷水冲凉，至鹅肝冷却至常温。

5 卤制：将一般卤水烧开，把过冷水后的鹅肝放入烧开的卤水里，用慢火煮15分钟，捞出后即是成品。

6 切件：待鹅肝稍冷后切件装盘，并配上汾蹄汁作为蘸料上桌。

7 成品：卤好的鹅肝外形美观、质感绵滑。

四、广东卤味制作工艺

卤水金钱肚

专用工具 / 片刀、卤水桶

常用设备 / 平头炉、燃气灶

风味特色

酥而不烂，有弹性，色泽淡红，鲜香味美

技术关键

1. 金钱肚属于内脏，异味较重，一定要清洗干净，否则影响味道。卤制时要控制好火候，否则影响质感。
2. 因为金钱肚易入味，所以卤制时间不宜过长。

知识拓展

1. 金钱肚又称蜂窝肚，是牛的四个胃之一。
2. 卤制金钱肚最重要的是去腥和入味，并要保持原料本身的韧劲，方为上品。

主 料 金钱肚500克

调味料 一般卤水1桶（1500克），花生油适量，汾蹄汁适量，芝麻油适量

工艺流程

选料 → 清洗 → 初加工 → 卤制 → 切件 → 成品

1 选料：选择常见的金钱肚即可。

2 清洗：金钱肚反复清洗，直至清洗干净（可以加点食料一起清洗）。

3 初加工：把洗干净的金钱肚放入烧开的水中煮至腍熟，捞出备用。

4 卤制：将一般卤水烧开，把过冷水后的金钱肚放入烧开的卤水里，用慢火煮至金钱肚熟为止，熄火浸泡15分钟，捞出后即是成品。

5 切件：待金钱肚稍冷后切件装盘，并配上汾蹄汁作为蘸料上桌。

6 成品：卤好的金钱肚色泽亮丽、外形美观、质感爽弹。

卤水牛肉
（牛腱子肉）

专用工具 / 片刀、卤水桶

常用设备 / 平头炉、燃气灶

风味特色

色泽亮丽，质感香软，酱香味浓

技术关键

技术关键

1. 牛腱肉在卤制前要用松肉粉腌制，保持其肉质鲜嫩。
2. 卤制时间不宜过长，否则没有嚼劲，而且容易切碎，以筷子能够轻松插入为准。

知识拓展

牛肉富含蛋白质、氨基酸，脂肪含量少，为补益佳品。

。。。 原 材 料 。。。

主 料 牛腱子肉1000克

调味料 一般卤水1桶（2500克），花生油适量，汾蹄汁适量，芝麻油适量

工艺流程

选料 → 清洗 → 腌制 → 卤制 → 切件 → 成品

1 选料：选择常见的牛腱子肉即可。

2 清洗：牛腱子肉清洗干净，顺薄膜分切成条。

3 腌制：把洗干净的牛腱子肉放在盆中，倒入适量的松肉粉，腌制30分钟。

4 卤制：用水洗净牛腱子肉，将一般卤水烧开，把牛腱子肉放入烧开的卤水里，用慢火焗煮40~50分钟，捞出后即是成品。

5 切件：待牛腱子肉稍冷后切件装盘，并配上汾蹄汁作为蘸料上桌。

6 成品：卤好的牛腱子肉色泽亮丽、外形美观、质感弹滑、味道浓香。

卤水鹅肾

专用工具 / 片刀、卤水桶

常用设备 / 平头炉、燃气灶

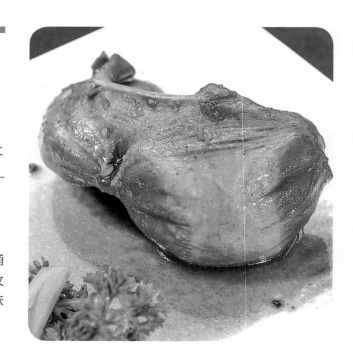

○○  ○○

| 主料 | 鹅肾500克 |
| 调味料 | 一般卤水1桶（1500克），玫瑰露酒5克，芝麻油5克 |

风味特色

软而不烂，有弹性，色泽淡红，鲜香味美

技术关键

1. 鹅肾要煲至熟透，再用卤水加湿生粉打芡淋在上面。
2. 卤制时要控制好火候，否则影响质感。鹅肾的爽脆和熟烂程度可根据不同客人的要求而定。

知识拓展

此菜有补虚益气、养阴解毒的功效。

工艺流程

选料 ▸ 清洗 ▸ 初加工 ▸ 卤制 ▸ 切件 ▸ 成品

1 选料：选择常见的鹅肾即可。

2 清洗：鹅肾去掉油脂及内衣洗净。

3 初加工：把洗干净的鹅肾放沸水内，待再沸后改文火煮30分钟，熄火，焗10分钟，取出漂水至凉。

4 卤制：将一般卤水烧开，放入玫瑰露酒和鹅肾，再沸后熄火，浸20分钟，捞出后即是成品。

5 切件：待鹅肾稍冷后切件装盘，并配上卤水汁打的芡汁，淋上芝麻油即成。

6 成品：卤好的鹅肾色泽亮丽、脆滑爽口。

卤水鸭下巴

专用工具 / 片刀、卤水桶

常用设备 / 平头炉、燃气灶

风味特色

软而不烂，香软可口，色泽淡红，鲜香味美

技术关键

鸭下巴喉部藏有很多污物，一定要冲洗干净，否则影响质感。

知识拓展

此菜有滋润、养胃、平肝祛火、健体美颜、益气养血的功效。

○ ○ **原 材 料** ○ ○

主 料 鸭下巴500克

调味料 一般卤水1桶（1500克），玫瑰露酒10克，芝麻油5克

工艺流程

选料 → 清洗 → 卤制 → 切件 → 成品

1 选料：选择常见的鸭下巴即可。

2 清洗：鸭下巴解冻，去舌衣和喉部淤血，冲洗干净。

3 卤制：将一般卤水烧开，放入玫瑰露酒和飞水后的鸭下巴，待卤水再沸，收慢火煮10分钟，然后熄火，浸15分钟，捞出后即是成品。

4 切件：待鸭下巴稍冷后切件装盘，并配上卤水汁和淋上芝麻油即成。

5 成品：卤好的鸭下巴色泽亮丽、香软可口。

卤水鸭舌

专用工具 / 片刀、卤水桶
常用设备 / 平头炉、燃气灶

风味特色
色泽艳丽，咸香可口

技术关键

鸭舌飞水和浸卤时温度不能太高，时间不可太长，否则鸭舌会收缩而变得很小。

知识拓展

鸭舌有温中益气、补虚填精、健脾胃、活血脉、强筋骨的功效。

○·○ **原 材 料** ○·○

主 料 速冻鸭舌500克

调味料 一般卤水1桶（1500克），玫瑰露酒10克，汾蹄汁75克，芝麻油5克

工艺流程

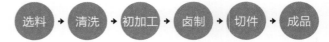
选料 → 清洗 → 初加工 → 卤制 → 切件 → 成品

1 选料：选择常见的鸭舌即可。

2 清洗：鸭舌解冻后去舌衣和黏液，用50克精盐搓洗，冲水洗净。

3 初加工：把洗干净的鸭舌放入沸水内飞水至五成熟，捞出，用水使其冷却，待用。

4 卤制：将一般卤水烧开，然后放入玫瑰露酒和鸭舌，待卤水再沸，熄火浸10分钟，捞出后即是成品。

5 切件：待鸭舌稍冷后切件装盘，淋上芝麻油和卤水汁并配上汾蹄汁作为蘸料上桌。

6 成品：卤好的鸭舌色泽亮丽、外形美观、咸香可口。

卤水鸭

专用工具 / 片刀、卤水桶

常用设备 / 平头炉、燃气灶

风味特色

色泽艳丽，咸香可口

技术关键

1. 把握好卤制的时间，不可太长，否则影响鸭的质感。
2. 注意浸卤的温度，浸卤时温度不宜太高。

知识拓展

刺穿嗉囊的目的是让光鸭容易入味和熟得更均匀。要知鸭是否已熟，用竹签或鹅尾针插入肉最厚的鸭胸，若流出清水便熟，若流出的是血水即未熟。

○○ 原 材 料 ○○

主 料　光鸭1只（约2000克）

调味料　潮州卤水1桶（5000克），汾蹄汁75克，芝麻油5克

工艺流程

选料 → 清洗 → 卤制 → 切件 → 成品

1 选料：选择常见的鸭即可。

2 清洗：光鸭挖去油、肺、喉，刺穿嗉囊，洗净。

3 卤制：将一般卤水烧开，放光鸭入卤水内，再提起，重复3~4次，令光鸭内外受热均匀，待卤水再沸后转慢火卤浸15分钟，熄火，浸约25分钟至熟，捞出后即是成品。

4 切件：待鸭稍冷后切件装盘，淋上卤水汁、芝麻油并配上汾蹄汁作为蘸料上桌。

5 成品：卤好的鸭色泽亮丽、外形美观、咸香可口。

卤水豆腐鸡蛋

专用工具 / 卤水桶、炒锅

常用设备 / 平头炉、燃气灶

风味特色

卤味浓，咸香可口

技术关键

1. 炸豆腐时要注意油温不可过高，要不停翻动才炸得均匀，而且不易粘底。
2. 煮鸡蛋时要在凉水中放入鸡蛋，再加精盐加热，要防止鸡蛋爆裂。

知识拓展

豆腐有3种做法，即盐卤豆腐、石膏豆腐及内酯豆腐，其中石膏豆腐是我国炼丹家——淮南王刘安发明的绿色健康食品。时至今日，已有2100多年的历史，深受人们的喜爱。

主　料 板豆腐6件，鸡蛋若干

调味料 一般卤水1桶（1000克），芝麻油5克，精盐50克

工艺流程

选料 → 初加工 → 卤制 → 切件 → 成品

1. 选料：选择常见的豆腐和鸡蛋即可。

2. 初加工：用锅烧油至八成热，放入板豆腐炸至金黄色，捞起隔油，待用；将鸡蛋洗净，放入煲内，用水盖过，加入精盐，先用大火煮沸，再转慢火煮10分钟至熟，捞出后漂水，剥壳，待用。

3. 卤制：将一般卤水烧开，放入炸好的豆腐和去壳的鸡蛋，待再沸后熄火，豆腐浸10分钟，鸡蛋浸20分钟，捞出后即是成品。

4. 切件：待豆腐和鸡蛋稍冷后切片，摆整齐装盘，淋上卤水汁和芝麻油便成。

5. 成品：卤好的豆腐外香内滑，鸡蛋卤味浓、外形美观、咸香可口。

广东烧腊制作工艺

卤水凤眼肝

专用工具 / 尖刀、牙签、不
锈钢盆、笊篱、
不锈钢托盘

常用设备 / 平头炉、汤桶

风味特色

气香、味甘、质滑

○○ (原)(材)(料) ○○

主　料　猪肝500克，冰肉100克，咸蛋黄5只

调味料　食粉5克，精卤水2500克，花生油、麦
芽糖适量

工艺流程

成品 ◀ 晾凉

修整 ▸ 腌制 ▸ 刀工 ▸ 酿制 ▸ 灼制 ▸ 卤制

1　修整：猪肝切成带边缘的条，用尖刀从厚处插
入，但不可刺穿。

2　腌制：将猪肝放入不锈钢盆内，放入过面的清
水，再加入食粉腌约15分钟。

3　刀工：将冰肉切成稍短于猪肝条长度的高度为
1.5厘米的三角条。咸蛋黄用刀压成厚度约0.4
厘米的圆片。

四、广东卤味制作工艺

技术关键

1. 整副猪肝有沙肝、面肝的分别，色深紫而略带黑，又起一层层沙点的就是沙肝。一般选面肝为宜。

2. 猪肝切条是技术活，要尽可能保留边缘，且分割的条数要多。

3. 卤制时的温度不宜过高，否则会影响成品的质感。

4 酿制：把腌好的猪肝条沥干水分，酿入用咸蛋黄片包裹的冰肉条，并用多枝牙签交叉封口，便成凤眼肝坯。

5 灼制：将凤眼肝坯放入沸腾的清水里飞水，见凤眼肝坯收缩即可捞起沥水。

6 卤制：沥去水分的凤眼肝坯放入慢火加热至微滚的精卤水里，卤浸约20分钟。

7 晾凉：用牙签刺插猪肝厚处流出清水即为熟，用笊篱捞起放在不锈钢托盘内晾凉。为免猪肝晾凉时挥发过多水分，可趁热扫上花生油或麦芽糖。

8 成品：凤眼肝晾凉后，横向切成0.4厘米的薄片摆砌装盘，并淋上少量精卤水即可膳用。

知识拓展

卤水凤眼肝是烧卤拼盘的花样菜式，作拼盘围边能提高拼盘的档次。另外，凤眼肝除了卤制之外，还可以烧制，香味与质感又别具一格。

五、广东腊味
制作工艺

腊肠

专用工具 / 麻绳、钉板、漏斗

常用设备 / 烘烤炉

风味特色

咸甜适中，鲜美适口，腊香明显，醇香浓郁，食而不腻

∘○ 原 材 料 ○∘

原　料　猪瘦肉1000克，猪肥肉500克，肠衣30克

调味料　精盐50克，生抽150克，白砂糖100克，汾酒30克，亚硝酸盐0.3克

工艺流程

选料 → 切粒 → 拌料腌制 → 灌肠 → 打钉 → 扎绳

成品 ← 挑拣 ← 剪肠 ← 风（烘）干

1 选料：应选取无软骨、无结缔组织的猪后腿瘦肉为佳，其次是前腿肉；猪肥肉应选取脊部的皮下脂肪，或者腿部的脂肪。

2 切粒：把猪瘦肉与猪肥肉一起切成细粒状。

3 拌料腌制：把切好的肉与调味料一起拌匀后，腌制8小时。

4 灌肠：肠衣用清水泡软后扎紧一头，用漏斗把腌好的肉灌进去，灌至八成满即可。

5 打钉：用钉板在肠身的底与面均匀打钉一次，使肠内多余水分及空气排出，有助于肠内水分快速干燥。

6 扎绳：用麻绳以每30厘米为一节扎紧。

7 风（烘）干：把扎好的腊肠挂在通风处吹至身硬即可。如果遇上下雨天或者潮湿的天气时，可放在烘烤炉里用低温烘干，等天气好时再进行风干。

8 剪肠：出炉后的腊肠，须等肠身凉凝之后才能剪肠。

9 挑拣：在挑拣过程中，须保证条子均匀，粗细、长短一致。

10 成品：广东腊肠具有外形美观、色泽明亮、香味醇厚、鲜美适口、皮薄肉嫩的特色。

技术关键

1. 扎绳时，要按照特定的长度尺码扎绳，切不可收紧和放宽。绳结应安排在扎好的肠中间，须确保每根腊肠均匀平衡，便于挂竹和不影响规格。
2. 风（烘）干时，须注意肠与肠之间的距离（间隔5~6厘米），晾竹与晾竹之间的距离也不要排得过密，否则影响干燥效果。

知识拓展

1. 原料的选择：瘦肉以猪后腿肉为佳，因其筋膜少、肉质好而利用率较高；其次是猪前腿肉。肥脊膘应以肉质结实、膘头厚、无黏膜、无瘀血为标准。
2. 东莞腊肠的典故：东莞腊肠身长2~3厘米，好像一个椭圆形的小肉球。东莞腊肠风味独特，色彩鲜丽，并有爽脆、香醇、咸味均匀、美味等特点，成为广东腊肠中的上品，在国内外享有盛誉。相传始创人个子不高，他挑着长的腊肠上街叫卖，因人矮，有的腊肠拖到地上，沾上很多泥沙，不受顾客欢迎。后来，他便想办法，把腊肠制得短而粗，在炮制方法上又与众不同，他挑担上街，人们老远就看见那粗大的腊肠，并嗅到腊肠的特别香味，从此生意兴隆，再不用沿街叫卖了。

腊肉

专用工具 / 麻绳

常用设备 / 烘烤炉

风味特色

鲜美适口，肥肉半透明，有腊制香味

技术关键

原料烘晒：若天气不够晴朗，可以用烘烤炉慢火烘干。

知识拓展

1. 制作腊肉的原料应选用优质的、不带奶脯的五花肉。

2. 腊味食品为晾晒（烘烤）而成的干生食品而非熟制食品，故不能直接食用。

原材料

主　料　去皮五花肉2500克

调味料　白砂糖150克，精盐65克，生抽100克，汾酒50克，亚硝酸盐0.4克

工艺流程

选料 → 切条 → 清洗 → 腌制 → 开孔穿绳 → 晒（烘）干 → 成品

1　选料：应选取质优的五花肉。

2　切条：五花肉切成宽1.5厘米、长33~38厘米的条状。要求每条五花肉的宽度均匀，刀工整齐，厚薄一致。

3　清洗：五花肉先用温水洗净，再用冷水冲洗，然后晾干表面的水分。

4　腌制：把精盐、白砂糖、汾酒、生抽、亚硝酸盐等调味料和五花肉一起拌匀，腌制4小时。

5　开孔穿绳：在每条五花肉大的一头开一个小孔穿入麻绳。

6　晒（烘）干：将五花肉挂在竹竿上，白天在太阳下晒干，晚上或者天气不好的时候，把五花肉放入烘烤炉（烘烤炉的温度为60~70℃）烘干。

7　成品：经过日晒与烘烤3~4次，直至瘦肉部分发硬即可。

腊朒肠

专用工具 / 麻绳、漏斗、钉板

常用设备 / 工业风扇

风味特色

甘香润化，肥肉半透明

技术关键

1. 拌料时，不宜过久搅拌，以免猪瘦肉和猪肝被搅成肉浆，影响肠的质量。
2. 灌肠时，要注意灌至八成满，肠内无空气，两头扎紧密。

○·○ **原 材 料** ○·○

原 料 猪瘦肉1500克，猪肝500克，肠衣30克

调味料 生抽100克，精盐30克，白砂糖100克，汾酒50克

工艺流程

选料 → 切粒 → 拌料 → 腌制 → 灌肠 → 打针

成品 ← 挑拣 ← 剪肠 ← 风干 ← 扎绳

1 选料：选取质量上乘的猪瘦肉和猪肝。

2 切粒：把猪瘦肉和猪肝切成大小均匀的粒状，要求粒状四角分明，大小均匀，便于腌味的渗透。

3 拌料：将猪瘦肉粒及猪肝粒放入盆中，加入调味料，边加边搅拌，直至搅拌均匀。

4 腌制：拌好的肉料腌制8小时。

5 灌肠：将选好定型的肠衣用清水泡软后，扎紧一头，用漏斗将腌好的肉灌入肠衣内，两头扎紧。

6 打钉：用钉板在肠身的底与面均匀打钉一次，使肠内多余水分及空气排出，有助于肠内水分快速干燥。

7 扎绳：用麻绳以每30厘米为一节扎紧。

8 风干：把扎好的腊朒肠吊挂起来，放在通风处吹干至肠身硬即可。如果天气不好，可将腊朒肠移至室内用工业风扇吹干。

9 剪肠：腊朒肠需风干后才能剪肠。

10 挑拣：在挑拣过程中，须保证条子均匀，粗细、长短一致。

11 成品：腊朒肠具有甘香润化，肥肉半透明的特色。

腊金银䏲
（腊猪肝肉）

专用工具 / 麻绳

常用设备 / 烘烤炉

风味特色

外形美观，甘香润化，肥肉
半透明

○ ○ (原) (材) (料) ○ ○

原　料　鲜猪肝500克，猪肥肉500克

调味料　1. 精盐15克，生抽10克，汾酒15克，白
　　　　　砂糖25克，姜汁10克（腌猪肝）

　　　　2. 精盐75克，汾酒15克，白砂糖40克
　　　　　（腌肥肉）

工艺流程

1　选料：选取质量上乘的猪肥肉和新鲜的猪肝。

2　猪肥肉腌制：猪肥肉用调味料2腌制3小时左
　　右，待用。

3　猪肝切条：将晾干的猪肝去筋络，切成条状，
　　每条宽3厘米、长15厘米，用精盐10克腌制2
　　小时。

4　猪肝漂洗：腌好的猪肝用热水进行漂洗后晾干
　　水分。

5　猪肝腌制：晾干的猪肝条用调味料1腌制1小时
　　左右。

6　穿绳：用麻绳将腌好的猪肝条穿好，吊挂起
　　来。

7　晾晒：将猪肝条晾晒至半干（如遇雨天可移至
　　室内用烘烤炉慢火烘焙至半干）。

技术关键

1. 猪肝用刀穿洞时要小心，不要弄穿外壁，否则会影响美观。

2. 入烘烤炉烘焙猪肝时，应离火位高些，若太近火，猪肝会变黄，且硬而不化。

知识拓展

1. 原料的选择：新鲜猪肝肉质均匀，弹性佳，有光泽，不干皮，无腥臭，切开有血液流出，柔软细嫩，手指稍用力，则可把猪肝掐得有小切口，做熟后味鲜、柔嫩。

2. 新鲜的猪肝放置时间较长会流出胆汁，损失养分。

8 猪肝穿洞：用刀把每条猪肝的中央穿一洞（像袋形）。

9 猪肥肉切条：把腌好的猪肥肉按猪肝洞的大小，切成条状。

10 酿入：将切好的猪肥肉条酿入猪肝洞内。

11 晒（烘）干：把酿入猪肥肉的一端穿上绳圈，上竹竿后置于太阳底下暴晒数天，晚上则入烘烤炉烘焙（4~5天即可）。

12 挑拣：在挑拣过程中，须保证条子均匀，粗细、长短一致。

13 成品：具有外形美观、甘香润化、肥肉半透明的特色。

腊鸭

专用工具 / 麻绳、牙签、竹片、竹筛

常用设备 / 工业风扇

风味特色

肉嫩味鲜，美味甘香，质感爽脆，腊香浓郁

技术关键

1. 腌制前最好先用餐巾纸将腹腔内和表皮擦干水分，便于腌制入味。
2. 晾晒腊鸭时，先用疏眼竹筛把鸭胸腔朝上平铺，在太阳底下晒2小时后，需把鸭翻转一次，使其保持良好的形状。

主 料 光鸭1只（约2000克）

调味料 精盐250克

工艺流程

成品 ← 挂晒 ← 晾晒

选料 → 去杂 → 开膛断骨 → 扎孔 → 腌制 → 清洗

1 选料：原料精选重2000克左右的光鸭。

2 去杂：拔掉杂毛，去除内脏，从鸭嘴处下刀把鸭下巴连鸭舌切去，自膝下斩去鸭脚，剁去中翼，清洗干净，沥干水分。

3 开膛断骨：从鸭尾处下刀直穿至颈部骨头处，将胸膛破开；从颈项下刀将两边骨割断，并把两边肋骨各割断6~7条。

4 扎孔：用牙签在鸭子表面均匀地扎一些小孔。

5 腌制：将200克精盐均匀撒在鸭的表面（头、颈、身），用力搓擦，直到让精盐均匀地渗透到鸭肉里去，再将50克精盐分置于翼骨处和鸭腿骨底面，放入容器密封腌一个晚上。

知识拓展

1. 应选用优质、不肥不瘦的麻鸭，品质以秋冬时节的腊鸭最佳。

2. 岗美腊鸭的典故：岗美腊鸭，选优质麻鸭用传统手工艺制作而成，以其独特的风味享誉粤西，已有近百年历史，是广东著名的土特产。岗美腊鸭的发源地是广东阳春岗美镇岗北油铺村。在油铺村，制作腊鸭最负盛名当数"鸭仔泳"，他的父亲年轻时长期帮地主放鸭，有一次他父亲见到地主把死了的鸭扔到野外，感到可惜，于是把死鸭捡回来，进行腊制，制作的腊鸭骨酥肉香。后来他父亲除了替人放鸭外，秋冬季节还要为人制作腊鸭。经过多年的摸索，就在腊鸭制作中摸出一套行之有效的技巧，成为绝活。

6　清洗：第二天将腌制好的鸭取出，用大量清水洗净（或浸泡2~3小时），以鸭咸味变淡为度。

7　晾晒：用竹片将鸭身撑开，形成一个扇子形状，置于疏眼竹筛上，把鸭胸腔朝上平铺，晾晒至身干爽透。

8　挂晒：穿上麻绳，挂晒在竹竿上7~8天。如果天气不好，可以将鸭移至屋内用工业风扇进行风干。

9　成品：广东腊鸭具有皮色半透明、美味甘香、腊味纯正、咸而不涩、骨脆肉香的特点。

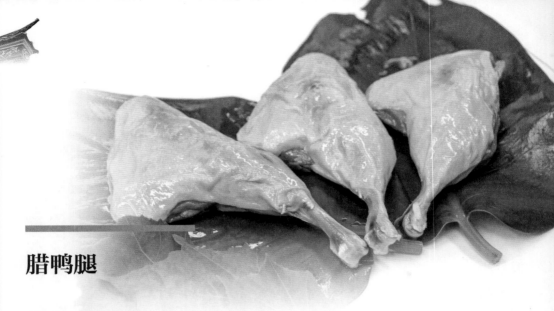

腊鸭腿

专用工具 / 麻绳、竹筛
常用设备 / 工业风扇

风味特色
质感柔韧，香味纯厚

技术关键

1. 注意精盐的用量，不可太少，每只鸭腿至少要配2勺精盐。
2. 腌制好的腊鸭腿收下来放在保鲜袋里，冷冻可以保存半年。随时拿出来清蒸膳用，蒸之前用温水洗一下。

知识拓展

1. 应选取肥瘦适当、大小适当、新鲜优质的鸭腿。
2. 腊鸭腿具有增进食欲、健脾开胃的功效。

○ ○ (原)(材)(料) ○ 。

| 主　料 | 鸭腿500克 |
| 调味料 | 精盐70克 |

工艺流程

选料 → 清洗 → 腌制 → 浸泡 → 晒(风)干 → 成品

1 选料：应选取肥瘦适当的新鲜鸭腿。

2 清洗：鸭腿洗干净，除去肥油和多余的皮，沥干水分。

3 腌制：用精盐均匀地搓擦鸭腿，腌制10小时。

4 浸泡：将腌好的鸭腿放入凉水中浸泡1小时，把咸度减淡。

5 晒（风）干：把浸泡好的鸭腿放在竹筛里，白天放在阳光下晒，中途翻面。晚上或天气不好的时候，可以将鸭腿移至屋内挂在通风干爽处用工业风扇进行风干。反复约5天，直至鸭腿身硬冒油珠即可。

6 成品：广东腊鸭具有外皮金黄油亮、质感柔韧、香味纯厚、咸而不涩、骨脆肉香的特点。

腊鸭肾

专用工具 / 麻绳

常用设备 / 工业风扇

风味特色
色泽乌黑，有光泽，肌肉较厚，质感细腻

知识拓展

1. 应选大小均匀、新鲜的鸭肾。
2. 腊鸭肾是广东特有的食材，即陈肾，性温味甘，有健脾消滞的作用。

○○ (原)(材)(料) ○○

主　料　鸭肾300克

调味料　生抽50克，精盐48克，姜蓉20克，汾酒
　　　　5克

工艺流程

选料 → 清洗 → 盐浸 → 清洗 → 晾干 → 腌制 → 吊晒 → 成品

1 选料：应选大小均匀的新鲜鸭肾。

2 清洗：将鲜鸭肾开肚，清洗干净，

3 盐浸：用精盐浸鲜鸭肾一个晚上（300克的鲜鸭肾需要精盐30克），目的就是要将鲜鸭肾里面的水分排出，能更好地吸收之后的调味料。

4 清洗：精盐浸过的鲜鸭肾洗一洗，将盐水洗去。

5 晾干：将清洗干净的鸭肾用麻绳吊起来直至晾干水分。

6 腌制：将鲜鸭肾加上姜蓉、生抽、精盐18克、汾酒腌制一个晚上（半夜可以翻一翻，使鸭肾入味均匀）。

7 吊晒：将昨晚浸好调味料的鸭肾吊起来晒，在太阳下晒一个星期，这样做出来的鸭肾会很香。如果天气不好没有太阳，可以将鸭肾移至屋内用工业风扇进行风干。

8 成品：腊鸭肾具有色泽乌黑、有光泽、肌肉较厚、质感细腻、营养丰富、味道鲜美的特点。

技术关键

经12~24小时即可腌透，所用精盐约占鸭肾重的1/16。腌透后取出，再用清水洗净，进一步洗去附在表面的污物以及盐中剩下的杂质。

腊鱼

专用工具 / 麻绳

常用设备 / 工业风扇

风味特色

软硬适度，肌肉切面有光泽，坚实不离骨，咸甜适宜

知识拓展

1. 鲫鱼、草鱼、鲅鱼等都是制作腊鱼的好材料。
2. 在腌制过程中，由于微生物和原料鱼中酶类的作用，发生蛋白质的水解、氨基酸的脱羧和脱氨、脂质的水解与氧化等生化变化，使鱼体具有独特的风味和营养。

○○ 原 材 料 ○○

主 料　草鱼（重1500~2000克）

调味料　精盐500克，五香粉30克，辣椒粉10克，汾酒200克，生抽80克，白砂糖30克

工艺流程

成品 ← 晾晒 ← 扣绳 ↑

选料 → 去杂 → 晒干 → 炒料 → 抹料 → 腌制

1　选料：选用重1500~2000克的草鱼。

2　去杂：鱼去鳞，从后背剖开，去除内脏、鱼鳃，清洗干净，撕去黑膜（注意：要用刀在鱼肉上划条方便入味也方便晾晒）。

3　晒干：放室外晒干表面水分。如果天气不好，可以将鱼移至屋内用工业风扇进行风干。

4　炒料：锅中放入精盐、五香粉、辣椒粉，用中小火炒至变色，出香味；汾酒、生抽、白砂糖调成料汁。

晾晒过程，腊鱼原则上不要晾晒得太干，用手握住鱼块不耷拉就行了。还有，腊鱼风干最好，不要直接暴晒太阳太久，太热的天气是不适合晾晒腊鱼的，这样不仅导致腊鱼出油厉害，还可能会导致腊鱼味道变质、发霉、变坏等。

5 抹料：在晒干水分的鱼身上涂调料汁，再趁热将椒盐涂在鱼身上，边涂边按摩，全身都涂遍。所有鱼都涂好后，放入容器中，将剩下的调料汁和椒盐浇在最上层。

6 腌制：腌制十几个小时后，翻一遍，把上面的鱼翻到下面，再腌制10小时左右，就可以挂起扣绳了。

7 扣绳：腌制好的鱼用麻绳穿过鱼鳃将其串起。

8 晾晒：将串好的鱼先控干水分，再放在通风处晾干，直到鱼的表面没有水分，这样晾干的鱼肉腌制起来味道会更加的鲜美。

9 成品：广东腊鱼具有色泽金黄、肉质坚实、咸淡适宜、香气特殊、易于保存的特色。

腊鸡腿

专用工具 / 麻绳

常用设备 / 工业风扇

风味特色

腊鸡腿，咸香可口，好吃不油腻

技术关键

1. 晒干的时间短点，阴干则需要多几天。
2. 晒2天就开始滴油，最后至肉发红变得很紧时即可。

知识拓展

1. 应选取肥瘦适当、大小适当、新鲜优质的鸡腿。
2. 鸡肉对于营养不良、畏寒怕冷等症状有辅助疗效。

主　料 鸡腿500克

调味料 花椒30克，精盐60克

 **工艺流程** 成品

选料 → 清洗 → 炒料 → 抹料 → 腌制 → 挂晒

1 选料：选取大小均匀、肥瘦适中的新鲜鸡腿。

2 清洗：将鸡腿清洗干净，晾干水分。

3 炒料：将精盐和花椒放入锅中炒至精盐变黄后，即刻放入料理机稍微打碎一下。

4 抹料：将盐碎趁热均匀涂抹在晾干水分的鸡腿上。

5 腌制：鸡腿腌制24小时，过程中翻面1次。

6 挂晒：取出鸡腿，在肉厚的地方穿绳，挂晒7天即可。如果天气不好，可以将鸡腿移至屋内用工业风扇进行风干。

7 成品：腊鸡腿具有外皮金黄油亮、腊味纯正、咸而不涩、骨脆肉香的特点。

腊鲮鱼

专用工具 / 麻绳

常用设备 / 工业风扇

风味特色

甘香、味鲜、肉脆

技术关键

1. 晾晒鲮鱼干一般是冬至前后，秋冬干爽天气。如果天气不好，可以将鱼移至屋内用工业风扇进行风干。

2. 鲮鱼的腌制，除了精盐，还可以适当加一小把花椒粒，以增加香味及起到杀灭杂菌的作用。

主 料 鲮鱼3条（每条重1000~1500克）

调味料 精盐50克，磨豉酱50克，姜汁20克，白砂糖30克，汾酒20克，胡椒粉少许

工艺流程

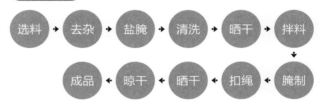

选料 → 去杂 → 盐腌 → 清洗 → 晒干 → 拌料
↓
成品 ← 晾干 ← 晒干 ← 扣绳 ← 腌制

1 选料：选用重1000~1500克的鲮鱼。

2 去杂：鲮鱼刮去鱼鳞，开肚摘除内脏、去腮，撕去黑膜，并在其两侧各割一刀，清洗干净。

3 盐腌：用食盐腌制均匀，再用重物压一晚，备用。

4 清洗：把腌制过一夜后的鱼，用清水冲洗净。

5 晒干：均匀摊放在竹筛上，放室外晒干表面的水分。

6 拌料：把精盐、磨豉酱、姜汁、汾酒、白砂糖和胡椒粉混合拌匀，再将混合好的调料和鲮鱼拌均匀。

7 腌制：腌制10小时后，就可以扣绳挂起。

8 扣绳：腌制好的鱼，用麻绳穿过鱼头将其串起。

9 晒干：将串好的鱼先挂在太阳底下晒一天，待酱干。

10 晾干：放在干爽通风处的地方晾干，直到鱼的表面没有水分及身硬即可。这样晾干的鱼肉腌制起来味道会更加鲜美。

11 成品：具有咸淡适宜、香气特殊、易于保存的特点。

五、广东腊味制作工艺

EPILOGUE

后记

广东省"粤菜师傅"工程系列培训教材在广东省人力资源和社会保障厅的指导下，由广东省职业技术教研室牵头组织编写。该系列教材在编写过程中得到广东省人力资源和社会保障厅办公室、宣传处、财务处、职业能力建设处、技工教育管理处、异地务工人员工作与失业保险处、省职业技能鉴定服务指导中心、职业训练局和广东烹饪协会的高度重视和大力支持。

《广东烧腊制作工艺》教材具体由中山市技师学院牵头，广东荣业食品有限公司、中山市海港城海鲜大酒楼有限公司、中山温泉股份有限公司、中山国际酒店、中山雅居乐长江酒店、中山市盈喜婚宴海鲜火锅酒楼有限公司、中山市谷源餐饮服务有限公司、红湾农庄等单位参编。教材共分五章，主要包括广东烧腊"粤菜师傅"学习要求；广东烧腊基础知识，包括广东烧腊的发展历史、卫生安全要求、香料知识、常用工具和酱料制作；广东烧味、广东卤味和广东腊味的制作工艺等。其中，广东烧味类有：烧乳猪、烧鹅、烧乳鸽等25个品种；广东卤味类有白切鸡、东江盐焗鸡、白云猪手等31个品种；腊味类有腊肠、腊肉、腊鸭等10个品种。教材在编写过程中，通过深入企业调研、认真分析广东烧腊工作岗位的典型工作任务，结合广东烧腊大师传授经验，以粤菜中传统、经典的广东烧腊品种为实例，以操作流程为载体，按照由简单到复杂工艺流程逻辑顺序编排菜品学习顺序，以满足培养粤菜（烧味）技能人才的教学要求。该教材可作为开展"粤菜师傅"短期培训和职业院校全日制粤菜烹饪专业基础课程配套教材，同时可作为宣传粤菜文化的科普教材。

《广东烧腊制作工艺》菜品及相关图片主要来源于参编单位提供和编者原创。教材在编写过程中，得到了黄嘉东、冯秋、潘英俊等专家学者的大力支持，在此一并表示衷心的感谢！

《广东烧腊制作工艺》编写委员会

2019年8月